• 职业院校人工智能教育系列 •

人工智能通识教程

主编 徐 红

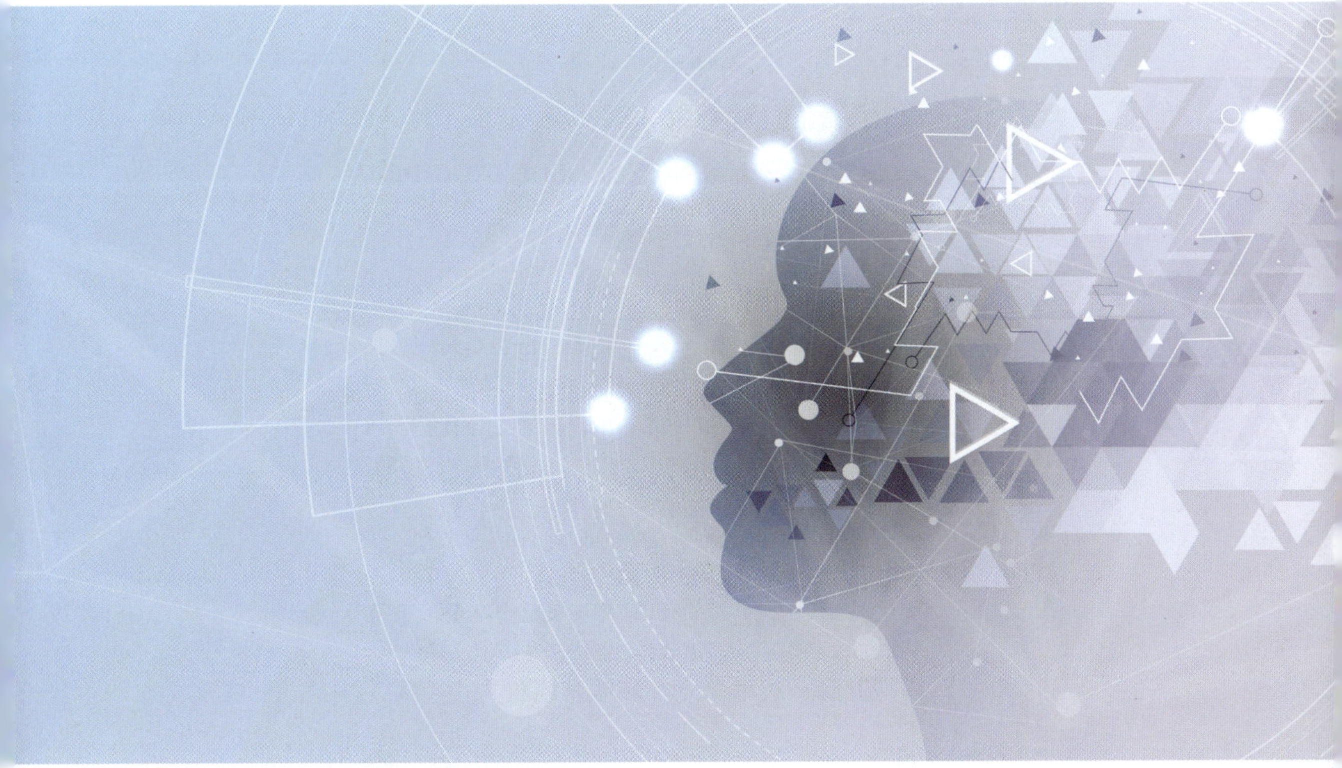

山东科学技术出版社

图书在版编目（CIP）数据

人工智能通识教程 / 徐红主编 . —济南：山东科学技术出版社，2019.9（2021.1 重印）

（职业院校人工智能教育系列）

ISBN 978-7-5331-9827-5

Ⅰ . ①人… Ⅱ . ①徐… Ⅲ . ①人工智能—教材 Ⅳ . ① TP18

中国版本图书馆 CIP 数据核字（2019）第 199009 号

人工智能通识教程
RENGONG ZHINENG TONGSHI JIAOCHENG

责任编辑：邱赛琳　魏海增　石　昊
装帧设计：侯　宇

主管单位：	山东出版传媒股份有限公司
出 版 者：	山东科学技术出版社
	地址：济南市市中区英雄山路 189 号
	邮编：250002　电话：（0531）82098088
	网址：www.lkj.com.cn
	电子邮件：sdkj@sdcbcm.com
发 行 者：	山东科学技术出版社
	地址：济南市市中区英雄山路 189 号
	邮编：250002　电话：（0531）82098071
印 刷 者：	济南新先锋彩印有限公司
	地址：济南市工业北路 188-6 号
	邮编：250101　电话：（0531）88615699

规格：16 开（184mm×260mm）
印张：13　字数：300 千
版次：2019 年 9 月第 1 版　2021 年 1 月第 4 次印刷
定价：46.00 元

《人工智能通识教程》编审委员会

主　任：马广水

副主任：张志东　杨百梅　冯新广　赵　猛

委　员：（按姓氏笔画排序）

　　　　王　心　王建良　白宗文　刘玉东　刘桂玉　杜德昌　吴永刚

　　　　余云峰　张明伯　陈北国　徐　红　徐龙海　董海燕　温金祥

主　编：徐　红

副主编：徐洪祥　王　军　朱旭刚　陈　磊

编　者：（按姓氏笔画排序）

　　　　贝太忠　孙锋申　李合菊　吴跃飞　宋学永　查　欣　侯　磊

主　审：王建良

副主审：王作鹏　梁会亭　曲文尧

序

今年初,我在山东省职业教育改革发展战略咨询委员会委员受聘会上,提出一个建议,希望山东省职业院校能够尽快开设人工智能基础课,来替代计算机基础课的传统内容。令我惊叹的是,山东省职业技术教育学会立马行动起来,在短短几个月的时间里,组织了众多的职业院校领导和教师,在全国范围内展开考察调研,很快就形成了较系统的包括人工智能通识教育、人工智能赋能各专业教育、人工智能专业教育在内的系列教材的整体设计,并编写出《人工智能通识教程》,在全国人工智能教育中开了个好头。

习近平总书记强调:"人工智能是新一轮科技革命和产业变革的重要驱动力量,加快发展新一代人工智能是事关我国能否抓住新一轮科技革命和产业变革机遇的战略问题"。2017年12月,工信部发布《促进新一代人工智能产业发展三年行动计划(2018-2020)》,明确指出"依托重大工程项目,鼓励校企合作,支持高等学校加强人工智能相关学科专业建设,引导职业学校培养产业发展急需的技能型人才"。2019年5月,中国政府与联合国教科文组织在北京合作举办国际人工智能与教育大会。会议以"规划人工智能时代的教育:引领与跨越"为主题。国家主席习近平向大会致贺信,国务院副总理孙春兰出席会议并致辞。来自全球100多个国家、10余个国际组织的约500位代表共同探讨智能时代教育发展大计,审议并通过成果文件《北京共识》,形成了国际社会对智能时代教育发展的共同愿景。教育部部长陈宝生指出,未来智能教育发展可能有四条道路:一是普及之路,及时让人工智能新技术、新知识进学科、进专业、进课程、进教材、进课堂、进教案,进学生头脑;二是融合之路,将产业界的创新创造及时地转化为教育技术新产品,提供更多更优的人工智能教育的基础设施;三是变革之路,以智能技术创新人才培养模式、改革教学方法和教育评价体系,助力实现因材施教,构建智能化的终身教育体系;四是创新之路,深入开展智能教育应用战略研究,探索智能教育的发展战略、标准规范以及推进路径。《人工智能通识教程》的目的就是助力人工智能进课程、进课堂,让职业院校学生对人工智能有基本的意识、基本的概念、基本的素养、基本的兴趣。

人工智能应用离不开核心技术、行业大数据和熟悉行业应用场景的专家三大要素。我国的现状是：以百度、阿里巴巴、腾讯、科大讯飞等为代表的IT企业开发了大量的人工智能核心技术，行业大数据也随着各个行业数字化、信息化的发展逐步积累形成，现在最缺乏的是能够发现实际应用需求、提出应用方案设想、对行业大数据进行标注、帮助人工智能技术专家完成产品建模和效果评估的所谓应用场景行业专家。

职业院校的学生是将来各个行业一线的技术技能专家。《人工智能通识教程》旨在帮助职业院校的学生了解人工智能的原理、核心技术，培养通过人工智能解决问题的意识和思维方式，将人工智能技术创新应用到生活、学习和自己的专业中。本书的出版是在职业院校开展人工智能通识教育的大胆尝试和有益探索，对培养学生的人工智能思维具有重要的作用和意义。

当前人工智能产业发展的重点是人工智能技术和产业的融合。人工智能产业链包括三层：基础层、技术层和应用层。基础层主要涉及数据的收集与运算，包括AI芯片、传感器、大数据与云计算等。技术层以模拟人的智能相关特征为出发点构建技术路径，进行海量数据识别训练和机器学习建模，以开发面向不同领域的应用技术，包括感知智能和认知智能。应用层集成一类或多类人工智能基础应用技术，形成软硬件产品或解决方案，实现不同场景的应用以及人工智能与传统产业的融合发展。人工智能是一个技术含量极高的领域，尤其是一些用到高等数学知识的算法，可能已经超出了绝大多数职业院校学生的知识范围。但这并不妨碍他们去了解和应用人工智能，因为高深的算法是人工智能技术专家关心的问题，属于基础层和技术层的范畴。作为未来的行业技术技能专家，职业院校学生的任务是了解技术、应用技术，每个人都可以在人工智能应用层有所作为。

承前启后，继往开来。为了人工智能的发展，大批科学家和工程师默默奋斗与奉献，才有了今天人工智能技术蓬勃发展的大好局面。今天，以《人工智能通识教程》出版为契机，希望能启发更多职业院校的学子有志成为人工智能领域的爱好者和应用专家，为我国产业智慧化、新旧动能转换做出应有的贡献。希望本书编者在教学实践中，善于听取广大师生的意见和建议，不断完善修订教材内容，为推动我国向学习大国、人力资源强国和人才强国迈进不断做出新的贡献。

俞仲文
山东省职业教育改革发展战略咨询委员会委员
深圳职业技术学院创校校长

前言

从第一次工业革命开始，无数的机器被发明出来，参与到社会劳动当中。如果说前两次工业革命是机器从体力上取代人类，那么人工智能则是从智力上对人类的替代。如何才能抓住新的机遇，不被日新月异的技术淘汰呢？首先，我们需要了解人工智能，包括它的含义、相关技术、应用现状与发展趋势，以及对各个行业产生的影响等；其次，我们需要学会应用人工智能，包括使用人工智能提高生活、学习效率和质量，也包括未来创新应用人工智能技术使自己的工作提质增效；最后，也是最重要的一点是我们需要保持不断学习的能力，持续提升自己的创新能力和不可替代性。为此，山东省职业技术教育学会组织编写了一套职业教育人工智能通识课程教材，目的是助力人工智能进课程、进课堂，让学生对人工智能有基本的了解，建立基本的概念，培养信息素养和学习兴趣，并将人工智能应用到生活、学习乃至将来的职业生涯中。

《人工智能通识教程》内容分为六个模块。

模块1　从科幻到现实：e时代到智能时代，主要介绍人工智能的基本概念、常见应用案例、对社会产生的影响以及学习方法建议。

模块2　通往人工智能时代的桥梁：e时代必备的计算机知识技能，主要介绍计算机的基本知识和概念、现阶段人们在沟通和表达中常用的工具软件。

模块3　智能时代的基石：新一代信息技术，主要介绍云计算、物联网、大数据、虚拟现实、区块链等新一代信息技术的基本知识和概念以及它们与人工智能的关系。

模块4　AI的前世今生：它从哪里来，主要介绍人工智能的定义、智能的本质、人工智能发展的三次浪潮和门派兴衰，从中可以了解人工智能产业发展必备的基础、当前技术发展现状以及代表性的企业和平台。

模块5　AI重新定义一切：悄悄改变的生产与生活，主要介绍人工智能在医疗、金融、教育和智能制造等行业中的典型应用。通过案例剖析，可以了解人工智能如何通过创新人机交互、环境感知、智能决策、信息物理系统融合方式重塑和赋能各个行业。

模块6　未来走向何方：人类与人工智能如何和平共处，分别从技术视角、人文视角、伦理规范视角介绍了人工智能面临的技术难题、道德责任及设计伦理。

人工智能重新定义一切。有了AI技术的加持，几乎所有场景都可以重新设计。在不远的将来，任何行业的一流企业一定同时也是IT企业、互联网企业、大数据企业和智慧化企业。在这个产业智慧化过程中，AI技术人才可以分为行业应用专家、应用开发人员、人工智能技术专家三个层次。行业应用专家是从事任何职业并具备人工智能思维的人员，负责从自己的工作实践中提出AI应用需求、提出应用方案设想、对行业大数据进行标注、帮助人工智能技术专家完成产品建模和效果评估。应用开发人员一般是软件技术、物联网技术与应用等相关专业人员，可在产品开发时调用AI服务厂商提供的编程接口（API）、应用智能设备，通过图像识别、语音识别、机械臂等增强自己开发产品的功能。人工智能技术专家是掌握机器学习等技术、Python等编程语言，能够结合行业应用需求优化算法、建立模型和智能服务的人员。如果读者想成为行业应用专家，那么需要熟悉教材中介绍的AI概念、原理和应用案例以及AI技术与行业需求结合的方式。如果读者已经具备一定的编程基础，那么可以再熟悉一下腾讯、百度等提供的云服务AI编程接口，晋级为智慧应用开发人员。如果读者有志于成为人工智能技术专家，就需要继续学习机器学习、知识图谱、自然语言处理、人机交互、计算机视觉、生物特征识别等内容以及Python等编程语言。

教材中介绍了腾讯AI体验中心、百度AI体验中心、讯飞AI体验栈等免费平台，读者可以从中感受AI技术的能力和魅力，了解AI云服务编程接口。教材提供了配套的学习资源，包括课程标准、课件、视频、习题等，可以在老师的指导下使用。

在此，感谢所有教师对教材编写给予的关心和支持，感谢所有参加教材论证的专家。在本书的编写过程中，腾讯教育、中国电科第五十五所、百科荣创等企业提供了宝贵资源以及大力支持，在此表示感谢。

本书的目标是为职业院校提供一本了解和应用人工智能的通识教育教材，鉴于读者基础、专业构成的复杂性，内容选择未必适合所有读者。同时，由于作者水平所限，不当之处在所难免，恳请各位读者给予指正。

编　者

2019年7月

目录

模块 1　从科幻到现实：e 时代到智能时代

1.1 从科幻到现实：电影中的人工智能 3

1.2 人工智能代替人劳动：美梦成真 5

1.3 人工智能就在身边：生活应用案例 9

1.4 怎样不被人工智能时代淘汰：储备知识和发展能力 13

模块 2　通往人工智能时代的桥梁：e 时代必备计算机知识技能

2.1 e 时代的基础：计算机 18

2.2 e 时代的沟通与表达：常用工具软件 40

模块 3　智能时代的基石：新一代信息技术

3.1 从互联网到移动互联网 55

3.2 万物互联：物联网 61

3.3 一切皆服务：云计算 74

3.4 亟待挖掘的宝藏：大数据 78

3.5 无中生有与超能感知：VR/AR 88

3.6 信任危机与去中心化：区块链 96

模块 4　AI 的前世今生：它从哪里来

4.1 追本溯源：什么是 AI 103
4.2 一波三折：AI 发展的三次浪潮 107
4.3 重获新生：AI 的应用现状 113
4.4 百家争鸣：AI 的主流学派 122
4.5 武功秘籍：AI 领域的关键技术 125

模块 5　AI 重新定义一切：悄悄改变的生产与生活

5.1 智能安防：AI 让我们的生活更安全 141
5.2 智能医疗：AI 正在成为医生的得力助手 148
5.3 智能金融：AI 带来金融革命 154
5.4 智能教育：AI 在教育行业异军突起 159
5.5 智能制造：AI 重塑制造业 163

模块 6　未来走向何方：人类与人工智能如何和平共处

6.1 AI 的挑战：技术视角 170
6.2 AI 的挑战：人文视角 176
6.3 人工智能的伦理规范 183
6.4 畅想未来：人类与人工智能和平共处 192

模块 1

从科幻到现实：
e 时代到智能时代

模块学习导读

时代总是在前进，社会不断在发展。每一次技术革命都对人类的发展产生了巨大且不可替代的作用。以蒸汽机为代表的第一次工业革命开创了蒸汽时代，以电力大规模应用为代表的第二次工业革命开创了电力时代，以计算机技术为代表的第三次工业革命开创了信息时代，也就是以网络为手段的信息交互系统广泛应用的 e 时代。刚刚熟悉了 e 时代的网上订餐、网上订票，人脸识别、语音助手、智能导航、无人驾驶等智能应用又开始进入我们的生活，标志着以人工智能（Artificial Intelligence，AI）为代表的第四次工业革命已经到来。

本模块通过大家熟悉的电影、新闻、生活应用案例介绍人工智能的基本特点和智能时代的学习方法。通过本模块的学习，我们可以了解人工智能的含义，识别现实中的人工智能应用，了解人工智能对学习和就业的影响，为后续模块的学习奠定基础。

模块学习目标

知识目标

1. 了解人工智能的基本含义；
2. 了解人工智能给人类社会带来的影响；
3. 了解本课程的学习方法；
4. 了解人工智能时代学习和就业的变化。

能力目标

1. 能识别现实中的人工智能应用；
2. 能熟练使用手机中的部分人工智能应用；
3. 能根据人工智能时代的要求正确调整学习目标和方法。

1.1 从科幻到现实：电影中的人工智能

科幻电影的最大特点在于可以天马行空地想象，甚至跨越时空，把观众带入一个神秘的科幻世界。人工智能一直是科幻电影里经常出现的元素，科幻电影中塑造了无数出神入化的人工智能形象，成为大众对科技崇拜的源泉，激发了人类对未来生活方式的向往。从1968年的《2001太空漫游》到1973年的《西部世界》，再到2004年的《机械公敌》等，科幻电影都对未来人类社会和人工智能的发展进行了大胆设想，其中有些设想已经成为现实。

1968年，一部被誉为"现代科幻电影技术的里程碑"的电影横空出世，它就是《2001太空漫游》。电影中，人类在2001年的月球上发现了一块能向木星发出强烈无线电信号的黑色石板，政府派出"发现一号"宇宙飞船前往木星进行探查。宇宙飞船中除了两名宇航员和三名科学家，还有一台名为"哈尔"的超级计算机。

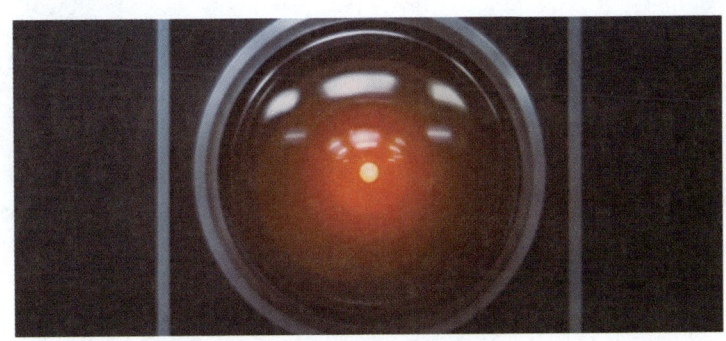

图 1-1 超级计算机哈尔

哈尔的作用是帮助宇航员掌控宇宙飞船。它可以用自然语言与人沟通，能与宇航员下国际象棋，在茫茫太空的孤独旅行中成为宇航员最好的交流伙伴。然而，在飞往木星的过程中，两位宇航员发现哈尔出现了问题，躲起来商量关闭哈尔的对策。没想到哈尔透过玻璃读出了唇语，得知自己将会被强行关机，于是先发制人，杀死了三位科学家。一番斗智斗勇后，宇航员鲍曼拔出了哈尔的记忆板。

图 1-2 哈尔与鲍曼下国际象棋

《2001太空漫游》是探索生命与宇宙的经典之作,自1968年问世以来,一直保持"最佳科幻电影"的桂冠。人类虽然仍未能够像电影中那样随心所欲地漫游太空,但电影中的一些设想已经实现。比如,电影中出现的平板电脑、视频通话已经普及,甚至iPad的名字都源于电影中维修小飞船的名字Pod。在影片上映几个月后,阿波罗11号登陆月球。1997年,IBM深蓝超级计算机打败当时世界排名第一的国际象棋选手加里·卡斯帕罗夫(Garry Kasparov),让深埋电影中的隐喻变为现实。

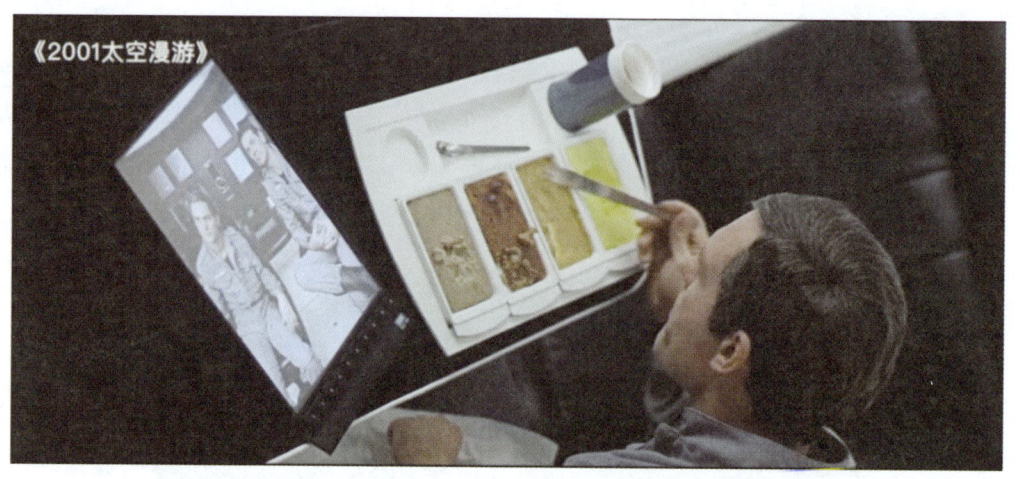

图1-3 电影中iPad的原型

当细细盘点整个影片中对人工智能的设想有多少已成为现实时,不得不惊叹这部电影的想象如此超前。那么,何为人工智能呢?是科幻电影中无所不能的机器人吗?尽管很多人都把人工智能理解为机器人,但实际上机器人只是人工智能应用形式之一,人工智能应用更广泛。人工智能可分开理解为"人工"和"智能",即人类创造出来的智能。简单点讲,只要是人类创造出来,能为人类工作减少操作步骤,提高工作效率,代替人类工作的工具或技术,都可以归为人工智能。

人工智能用于帮助或者代替人类思维,它本质上是一系列计算机程序,可以独立存在于数据中心或者个人计算机里,也可以通过诸如机器人之类的设备体现出来。我们身边的人工智能应用有很多,如图像识别、语音识别、指纹识别、智能导航、无人驾驶、人机对弈等。

在一定程度上,科幻电影已成为科技行业的启蒙者。移动电话之父马丁·库帕就曾说过,他发明移动电话正是受了《星际迷航》中"通讯器"的启发,电影中塑造的经典人工智能形象由银幕走向了现实生活。所以,只要敢于想象,说不定哪一天你的想象就会变成现实。

1.2 人工智能代替人劳动：美梦成真

人工智能与行业领域的深度融合将改变甚至重新塑造传统行业。各个领域的机器人在人工智能技术的推动下发展迅猛，正在驱动各行业就业市场发展变革。早前麦肯锡给出的数据显示，到 2030 年将有 8 亿人的工作被人工智能取代。目前，人工智能在制造、金融、零售、交通、安防、医疗、物流、教育等行业中有着广泛的应用。我们以其中几个行业为例，简单介绍人工智能的应用。

金融行业

目前，人工智能被广泛引入银行、会计、税务、审计、股市等金融行业。

以德勤、普华永道、安永、毕马威为代表的四大会计师事务所相继推出财务机器人，预示着财会行业新时代的到来。财务机器人相当于部署在服务器或计算机上的一款只针对财务处理的应用程序，它可以通过模拟基层财会人员的日常电脑操作，自动完成一些重复性高、规范化强、附加值低、耗费时间长的人工工作，如来款确认、银行对账、增值税记账核对、增值税发票查伪验证等。

另外，交易机器人可用于股票交易，根据预先设定的交易规则、交易判断算法，自动读取历史的时间、价格、成交量、持仓量等数据，并判断是否进行交易；蚂蚁金服已成功将人工智能运用于互联网小贷、保险、征信、资产配置、客户服务等领域；智融金服利用人工智能风控系统已经实现月均 20 万笔以上的放款，常规机器审核速度用时仅 8 秒；招商银行的可视化柜台、交通银行的人工智能服务机器人"娇娇"等则在智能客服领域做出了早期的尝试和探索。

人工智能与金融的碰撞，给传统金融从业人员带来了一定的冲击与挑战，但同时也赋予其发展潜力与机遇，催生兼具金融专业知识、计算机编程能力、计算机维护能力的复合型人才。

制造行业

为了应对日益提高的用工成本及日益激烈的行业竞争，许多制造业开始改变以往的生存方式，通过引进工业机器人等人工智能实现生产自动化，进一步提高生产效率。

晋江某制鞋企业引进一款名为"六轴机器人"的自动化生产设备。据悉，这款机器人能代替至少 6 个工人，

图 1-4　六轴机器人

可完成制鞋过程中的分拣、搬运等操作，大大提高企业的生产效率。

人工智能在制造业的应用主要有三个方面：首先是智能装备，包括自动识别设备、人机交互系统、工业机器人以及数控机床等具体设备；其次是智能工厂，包括智能设计、智能生产、智能管理以及集成优化等具体内容；最后是智能服务，包括大规模个性化定制、远程运维以及预测性维护等具体服务模式。虽然目前人工智能在制造行业的应用还处在初级阶段，但随着人工智能的发展，制造业将迎来一个全新时代。

零售行业

人工智能在零售领域的应用已经十分广泛，并通过个性化、自动化和提高效率将其提升到新的水平。

人工智能已经开始代替服务人员从事繁复而琐碎的工作。沃尔玛超市在中国有着许多家门店，且工作人员数量庞大。据美国《华尔街日报》2019年4月9日的报道，沃尔玛将启用1500台自动拖地机器人、300台货架扫描机器人以及1200台快速卸货设备和900台取货塔。如此大量启用机器人，让沃尔玛这家以传统零售业为代表的公司，一下子变得科技感十足。沃尔玛在声明中表示，机器人代替了人工，员工就不用去做这些劳力工作，可以有更多的精力放在服务顾客和推销产品上面。

图 1-5　自动拖地机器人

另外，网上购物、虚拟试衣镜、无人超市、服务机器人等人工智能应用，无一不推动着消费者的购物新体验。

物流行业

人工智能在物流行业的广泛应用，极大地降低了物流行业的运营成本和人工劳动强度，提升了服务效率和服务质量，推动整个行业从劳动密集型服务行业向科技密集型服务行业转变。

2017年5月11日，一座全球领先、亚洲首个真正意义上的全自动化集装箱码头在青岛港正式启用。整个码头作业现场"空无一人"，机器人来回穿梭，集装箱全部自动装卸，生产作业有条不紊地进行。船舶还没靠泊，全自动码头就根据船舶信息自动生成作业计划，并下达指令。船舶靠泊后，先是船吊把集装箱吊到转运平台上，接着机器人自动拆锁垫,然后门架小车会把集装箱吊运到自动导引车(AGV)上,自动导引车再把集装箱运送到指定位置。

图 1-6 青岛无人港口

图 1-7 集装箱自动装卸

青岛港的全自动化码头还和互联网、物联网、大数据平台深度融合,形成"超级大脑",使自动化码头设计作业效率达每小时 40 自然箱,比传统码头提升 30%,同时节省 70% 的人工,成为当今世界装卸效率最高的自动化码头。

物流这一融合了运输业、仓储业、货代业和信息业的复合型服务产业,在无人仓、无人车、无人机等人工智能的推动下,将进一步提升整个行业的发展效能,推动中国物流行业的"跨越式"发展。

医疗行业

机器人逐渐进入各大医院手术室,预示着人工智能深度辅助医护人员进行医疗的时代也将到来。达·芬奇手术机器人在医疗行业赫赫有名,是当前应用最广泛的手术机器人系统,代表了当今手术机器人最高水平,适用于普外科、泌尿科、心血管外科、胸外科、妇科、五官科、小儿外科等。手术机器人切割操作比专业外科医生更精确,对手术部位周围肌肉伤害更少,患者术后恢复更快。目前,人工智能在医疗界中的应用主要集中在外科手术机器人、康复机器人、护理机器人和服务机器人等方面。

2014 年,中南大学湘雅三医院在国内率先开展了国产手术机器人胃穿孔修补术及阑尾切除术。其中,一名患者接受了"腹腔镜探查 + 手术机器人辅助胃穿孔修补术",两名患者接受了机器人实施的阑尾切除术,患者术后均恢复良好。

另外,人工智能在辅助诊疗、疾病预测、医疗影像辅助诊断、药物开发等方面也发挥着重要作用。

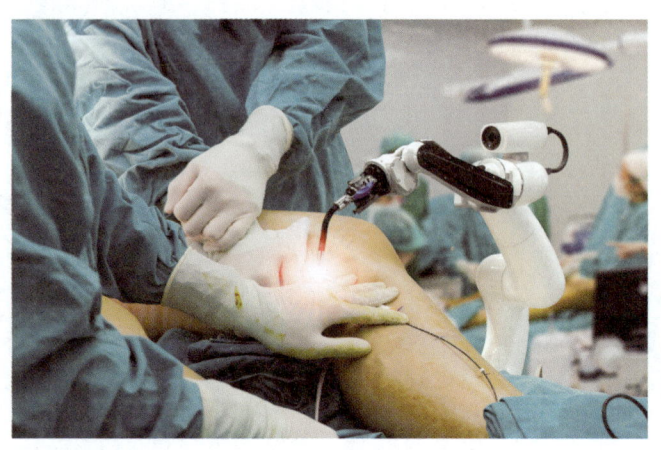

图 1-8 手术机器人

人工智能代替人工的好处

人工智能在各行业的广泛应用，让科幻电影中的幻想正逐渐变成现实。那么，人工智能代替人工有哪些好处呢？

提高效率

人工智能不会像人一样，受心情、体力、精力、注意力、环境等各方面的影响而导致产量忽高忽低。在同样生产周期内，人工智能生产加工产品的产量是固定不变的，效率高，成品率也高。

节省成本

人工智能可以 24 小时进行操作，并且一台人工智能可以顶替多人同时工作。比如，制鞋业使用的"六轴机器人"，可代替 6 人同时工作。特别是对于简单的、重复性生产过程，采用人工智能代替人工，可有效降低人工成本。

提升质量

人工智能的使用，使企业的产品质量更有保障。比如，美的空调工厂的生产线，工业机器人负责质量检测，连一根头发丝粗细的偏差都能检测出来。机器程序是不允许产品带着问题进入到下一个环节的，会及时叫停。

保障安全

在危险的工作环境中，如高温、有毒、辐射等，采用人工智能代替人工操作，可避免环境对人造成伤害。人工智能不会出现由于工作疏忽或者疲劳造成的人为事故，使用人工智能可确保安全生产。

总之，人工智能代替人工劳动，接替了那些人们不乐意从事的低附加值工作、重复性强的工作或危险性高的任务，同时带来了许多新的工作岗位，提升了工作效率和质量，增强了企业的发展活力，改善了人们的工作环境，使人类的生活更加美好，推动了社会的发展。

1.3 人工智能就在身边：生活应用案例

人工智能的应用不仅仅在生产领域，它已经深入我们的日常生活中，从衣食住行各个方面影响着我们的生活。

手机中的人工智能

手机是目前人们使用最频繁、最具代表性的人工智能电子终端设备，人工智能应用遍布其中。

图像识别是手机中最典型的人工智能应用。图像识别是通过手机拍照上传到云端，通过算法把云数据库中最接近照片中物体的信息传回来，实现物体识别。运用手机软件、识图应用小程序或手机百度等浏览器，均可实现图像识别功能。以手机百度识别植物为例，打开手机百度，点击搜索框右边的照相机图标，打开识图功能，对准植物拍照并上传，通过算法和云端的大数据进行比较，并将相似度最高的植物信息推荐给用户。手机中图像识别的其他应用还有很多，如人脸识别解锁手机、图片转文字实现文字编辑功能等。

图 1-9 手机中的图像识别功能

语音识别也是手机中比较典型的人工智能应用，比如语音助手。语音助手可以使手机变成一个智能机器人，可以与用户进行语言交流，它会根据用户的语音提问自动在网上搜索相关内容,也会根据用户的指令打开相应的功能,特别方便实用。很多手机都自带语音助手功能,如果没有,可下载相关手机软件。手机中的语音输入法是一种典型的智能语音应用产品,它能够把语音转化为文字。

图 1-10　手机中的语音助手功能

另外,像 AI 拍照、AI 美颜、智能导航、语音接听等,都是手机中常见的人工智能应用。

实践任务

与百度机器人小度聊天;使用微信小程序看图识物。

电商中的人工智能

电商应用软件总能推荐出你喜欢的商品,新闻应用软件总能推荐出你感兴趣的新闻,旅游应用软件总能给你推荐满足需求的景点以及酒店。为什么应用软件这么懂你?其实你的每次点击,应用软件公司后台都进行成千上万次运算,洞悉你的喜好,推荐给你最心仪的产品,这就是智能推荐算法。比如,你打算在网上购买一双篮球鞋,在电商应用软件上你浏览了几种球鞋商品后,下一次再打开应用软件时,就会显示更多篮球鞋的商品信息,其他的如食品、电子产品等你不关心的商品信息则少了很多，这就是电商中的人工智能，它能投其所好。

电商系统根据用户的人群标签、兴趣标签，通过感知与深度学习，匹配符合这个标签的产品，这就是智能推荐的算法原理。

**实践任务**

在京东应用软件上浏览几种品牌的电视机，重新打开京东应用软件，看有什么变化？

汽车中的人工智能

无人驾驶汽车，又叫轮式移动机器人，是一种通过电脑系统实现无人驾驶的智能汽车。无人驾驶汽车依靠人工智能、视觉计算、雷达、监控装置和全球定位系统协同合作，让电脑可以自动安全地操控汽车。

无人驾驶可以取代司机工作，使因人类疲劳驾驶、人为失误而导致的交通事故大大减少。为掌握这项技术，全球众多汽车企业、互联网公司、软件公司等纷纷展开追逐。特斯拉已经在其量产的商用车中集成了部分自动驾驶功能，但仍然强调司机要随时做好接管方向盘的准备。谷歌还在进行旷日持久的模拟试验，但它的实验车里早已没有了方向盘，谷歌铁了心要让计算机来当司机。百度是全球自动驾驶领域的一匹黑马，有望凭借开放合作的新颖思路在全球无人驾驶领域前沿占据一席之地。

虽然目前无人驾驶取得了前所未有的发展，但要想实现真正意义上的无人驾驶，还有很长的路要走。随着人工智能和5G的发展，或许在不久的将来，全自动无人驾驶就会到来。

**拓展视野**

百度"阿波罗"（Apollo）无人车

百度无人驾驶车项目技术核心是"百度汽车大脑"，包括高精度地图、定位、感知、智能决策与控制四大模块。其中，百度自主采集和制作的高精度地图记录的三维道路信息，能在厘米级精度实现车辆定位。同时，百度无人驾驶车将依托国际领先的交通场景物体识别技术和环境感知技术，实现高精度车辆探测识别、跟踪、距离和速度估计、路面分割、车道线检测，为自动驾驶的智能决策提供依据。百度无人驾驶汽车可自动识别交通指示牌和行车信息，具备雷达、相机、全球卫星导航等电子设施，并安装同步传感器。车主只要在导航系统中输入目的地，汽车即可自动行驶，前往目的地。在行驶过程中，汽车会通过传感设备上传路况信息，在大量数据基础上进行实时定位分析，从而判断行驶方向和速度。

2018年2月15日，百度"阿波罗"无人车亮相央视春晚，在港珠澳大桥开跑，并在无人驾驶模式下完成"8"字交叉跑的高难度动作。2018年6月13日，百度与金龙客车合作研发的L4级（高度自动化）无人驾驶客车"阿波龙"正式亮相上海。

图1-11 百度"阿波罗"无人驾驶汽车

娱乐中的人工智能

人工智能与玩具、音乐、影视、游戏的结合，改变了人们的娱乐方式，使之更具趣味性。

人工智能可以辅助父母给孩子讲故事。比如，当父母讲述《野兽家园》故事时，可以配以各种小动物的声效；或者等孩子上床之后，人工智能就开始模仿妈妈的声音给孩子讲故事。

人工智能可以模仿名人的声音，包括人物的语音、语调和语气。举个例子，如果你输入一些内容，机器可以模仿赵本山的声音读出来，惟妙惟肖。

人工智能在娱乐中的应用还有很多，如迪士尼乐园、虚拟现实、动画电影、人机对弈等等，使我们的娱乐生活更加丰富多彩。

家居中的人工智能

传统家居之间联动性低，以手动操控为主，比如电视机和空调机都拥有各自的遥控器，且无法跨越使用，容易出现丢失、损坏等问题。随着人工智能赋能家居，智能家居开始进入人们生活，人机交互方式也变为对话式交互，比如智能音箱。

智能音箱不同于传统音箱，除了播放音乐，智能音箱能干很多"匪夷所思"的事情。如果想听音乐，就对音箱说"播放音乐"，它就会随机播放一些音乐，你也可以指定想听的音乐，它会满足你的个性要求。如果一个小时后你有一件重要的事情要做，那么可以跟音箱说"一小时以后提醒我"，那么它会为你设置一个闹钟，一小时以后准时提醒你。你可以问音箱，今天天气怎么样？今天有雾霾吗？AI智能音箱就会告诉你答案。除了点播歌曲、定时提醒、天气预报，智能音箱还能完成上网购物、倒计时、听新闻、讲故事、陪人聊天、充话费等功能，它甚至可以控制智能家居设备，比如开灯、打开窗帘、让扫地机器人扫地、设置冰箱温度、提前让热水器升温等。

图 1-12 智能音箱

融入了人工智能的智能音箱、智能电视、智能冰箱、智能家居机器人等智能家居的出现，极大提高了人们的生活质量。随着人工智能的发展，智能音箱、智能电视等设备不再是独立的个体，而是联动的智能家居系统。未来的人机交互，更将融入视觉、触觉、嗅觉等多模态的交互方式。这种"动口不动手"的生活，正在一步步实现。

1.4 怎样不被人工智能时代淘汰：储备知识和发展能力

人工智能时代的来临，带来很多机遇，同时也充满挑战。在这个时代，我们应如何应对？诺贝尔文学奖获得者莫言在回答高中生的提问"人工智能对世界有哪些影响"时，幽默地说："你们要好好学习，未来还是你们的，不是机器人的。"也就是说，要想不被时代淘汰，不被人工智能超越，我们就要不断更新我们的知识，掌握更多的技能。

在人工智能时代，我们首先应该掌握人工智能的基本知识，具备与人工智能相处的能力。通过学习本课程，我们可以在以下方面获得收获：

◎ 了解人工智能技术的发展历史，了解人工智能的前世今生。

◎ 了解人工智能关键技术的概念与原理，比如图像识别、语音识别、机器学习、深度学习等关键技术。

◎ 了解典型的人工智能应用案例分析，比如无人驾驶是如何利用人工智能技术的。

◎ 了解人工智能改变人类工作生活的方式，比如人机交互方式的改变、对环境感知能力的提升、决策水平的提高、与环境互动方式的改变等。

◎ 能结合自己的专业分析人工智能如何与专业技术结合，更好地为人类服务。

学习完本课程后，如果你对人工智能产生兴趣，想进一步学习人工智能并将来从事相关工作，可继续学习以下知识：

◎ 高等数学、线性代数、概率论方面的基本数学知识。

◎ Python等计算机编程语言、TensorFlow等深度学习框架。

◎ 图像识别、语音识别等常见算法应用。

在人工智能时代，程式化的、重复性的、仅靠记忆与练习就可以掌握的技能将是最没有价值的技能，这类工作最终将由机器来完成；反之，能体现人的综合素质的技能，比如对复杂系统的综合分析、决策能力，社交能力、协商能力以及人情练达的艺术，对艺术和文化的审美能力和创造性思维，由生活经验产生的直觉、常识，基于人自身的情感等，这些是人工智能时代最有价值，最值得培养、学习的技能。我们应该怎样来获得这些技能呢？

◎ 主动挑战极限：在挑战中完善自我。如果不在挑战自我中提高，就有可能全面落后于人工智能时代。

◎ 从实践中学习，坚持独立思考：将理论学习和应用实践充分结合，边学习边实践，大胆想象、小心求证。

◎ 充分利用在线资源和新技术：虽然面对面的课堂仍然存在，但丰富灵活是在线教学资源的优势，在线学习将会是未来很重要的学习手段。智能学习助手也是学习的利器，比如翻译程序可以有效帮助学习外语。

◎ 协作学习：学生要从学习的第一天起，就和面对面的或者远程的同学一起讨论，一起设计解决方案，一起进步。

◎培养兴趣：兴趣是最好的老师，无论是为了美，为了好奇心，还是为了其他原因产生的兴趣，这些兴趣都有可能达到更高层次。在这些层次里，人类才可以创造出机器不能替代的价值。

模块检测

1. 列举出你看过的几部涉及人工智能的科幻电影，并分析其中的人工智能技术。

2. 列举现实中机器人代替人工的实际应用案例。

3. 叙述机器人代替人工的优势。

4. 体验手机中的语音助手和图像识别功能。

5. 叙述电商推荐商品的基本算法原理。

6. 简要叙述无人驾驶的含义。

7. 列举智能音箱的常见应用。

8. 简要叙述人工智能时代对我们学习产生的影响。

模块 2

通往人工智能时代的桥梁：
e 时代必备计算机知识技能

模块 2　通往人工智能时代的桥梁：e 时代必备计算机知识技能

模块学习导读

人工智能是计算机水平发展到一定阶段的产物。21 世纪以来，随着互联网、物联网、云计算、大数据等以计算机为核心的各种新兴技术的发展与普及，计算机已广泛应用于社会生活的各个方面，想了解人工智能首先要了解计算机，因此，学习并掌握计算机的基础知识是十分必要的。

本模块主要介绍计算机的基本概念、基础知识以及常用工具软件。通过本模块的学习，理解计算机的运行原理，掌握计算机常用工具软件的功能，为后续模块的学习打下良好的基础。

模块学习目标

知识目标

1. 了解计算机的发展历史；
2. 了解计算机系统的组成；
3. 了解计算机网络的概念；
4. 了解计算机安全知识，掌握计算机病毒防治的基本方法；
5. 掌握文字编辑软件的基本功能和使用方法；
6. 掌握电子表格软件的基本功能和使用方法；
7. 掌握演示文稿软件的基本功能和使用方法；
8. 掌握思维导图相关软件的使用方法。

能力目标

1. 能识别计算机系统的各个组成部分；
2. 能根据需要合理选购计算机；
3. 能使用杀毒工具对计算机病毒进行防治；
4. 能使用文字编辑软件进行文字处理；
5. 能使用电子表格软件进行数据处理；
6. 能使用演示文稿软件制作幻灯片；
7. 能使用思维导图梳理知识。

2.1 e时代的基础：计算机

计算机（computer）俗称电脑，是一种用于高速计算的电子计算机器，可以进行数值计算，也可以进行逻辑计算，还具有存储记忆功能。简言之，计算机能够按照程序运行、高速自动处理海量的数据。

计算机是20世纪最先进的发明之一，对人类的生产活动和社会活动产生了极其重要的影响，并以强大的生命力飞速发展。它的应用领域从最初的军事研究扩展到社会各个领域，已形成了规模巨大的信息产业，带动了全球范围的技术进步，并由此引发了深刻的社会变革。计算机已遍及一般学校、企事业单位，进入寻常百姓家，成为信息社会中必不可少的工具。正确使用计算机，已成为现今大学生的一项必备技能。

2.1.1 计算机的发展

在第二次世界大战中，交战双方都使用了飞机和火炮，对敌方军事目标进行轰炸。若要准确命中，必须精确计算并绘制出"射击图表"。查表确定炮口的角度，才能使射出去的炮弹正中飞行目标。而这份"图表"需要十几个人用手摇机械计算机算几个月才能完成，计算量非常大。为了缩短计算时间，美国军方组织了许多科学家参与研究。1946年2月，美国宾夕法尼亚大学电工系的莫利奇和艾克特领导的研究小组，为美国陆军军械部阿伯丁弹道研究实验室研制出一台用于炮弹弹道轨迹计算的"电子数值积分和计算机"（Electronic Numerical Integrator and Calculator，ENIAC）。ENIAC是世界上第一台电子计算机，占地面积150平方米，总重量30吨，使用了18000只电子管、6000个开关、7000只电阻、10000只电容、50万条线，耗电量140kW，每秒可进行5000次加法运算。ENIAC没有键盘、鼠标等设备，人们只能通过扳动庞大面板上的无数开关向计算机输入信息。ENIAC的诞生奠定了电子计算机的发展基础，开辟了信息时代，把人类社会推向了第三次产业革命的新纪元。

图2-1 世界上第一台电子计算机ENIAC

时至今日，计算机发生了翻天覆地的变化。根据计算机采用的主要元器件的不同，将电子计算机的发展分为四代。

第一代电子管计算机（1946—1958年），其也称为真空管计算机，其逻辑元件采用的是真空电子管。主存储器由汞延迟线、阴极射线示波管静电存储器、磁鼓、磁芯组成，外存储器采用的是磁带。软件方面采用的是机器语言、汇编语言。这时候的计算机体积巨大、功耗高、速度慢、价格高昂，主要用于科学计算。

第二代晶体管计算机（1958—1964年），主要逻辑元件为晶体管，运算速度可达每秒几十万次，内存容量增至几十万字节，以科学计算和事务处理为主，并开始进入工业控制领域，出现了程序员、分析员和计算机系统专家等新职业，软件产业由此诞生。

第三代集成电路计算机（1964—1970年），其主要逻辑元件是中小规模集成电路，运算速度达每秒几十万次到几百万次。软件方面出现了分时操作系统以及结构化、规模化程序设计方法。集成电路的使用使得计算机的可靠性有了显著提高，价格进一步下降，产品走向了通用化、系列化和标准化。高级程序设计语言在这一时期得到了很大的发展，出现了操作系统和会话式语言。计算机开始应用到各个领域。

第四代超大规模集成电路计算机（1970年至今），其主要逻辑元件是大规模或超大规模集成电路，运算速度达每秒上亿次，甚至上千万亿次的数量级，操作系统不断完善。软件方面出现了数据库管理系统、网络管理系统和面向对象语言等。1971年世界上第一台微处理器在美国硅谷诞生，开创了微型计算机的新时代。此后，计算机在家庭得到了广泛使用，进入了计算机网络时代。

新一代计算机。计算机中最基本的元件是芯片，芯片制造技术的不断进步，是推动计算机技术发展的基本动力之一。然而，以硅为基础的芯片制造技术的发展不是无限的，由于存在磁场效应、热效应、量子效应以及制作上的困难，人们正在开拓新的芯片制造技术。科学家认为，现有芯片制造方法将在未来十多年内陷入瓶颈，为此，世界各国的研究人员正在加紧开发以量子计算机、分子计算机和生物计算机等为代表的未来计算机。可以肯定，在未来社会中，随着计算机技术的不断发展以及人工智能等技术的不断革新，计算机将把人从重复、枯燥的信息处理中解脱出来，从而改变我们的工作、生活和学习方式，为社会带来更多便利。

什么是量子计算机、分子计算机和生物计算机？

量子计算机

简单地说，它是一种可以实现量子计算的机器，是一种通过量子力学规律以实现数学和逻辑运算、处理及储存信息的物理装置。在量子计算机中其各种元件的尺寸达到原子或分子的量级。量子计算机能存储和处理关于量子力学变量的信息。

20世纪80年代初期，贝尼奥夫（Benioff）首先提出了量子计算的思想，他设计了一台可执行的、有经典类比的量子Turing机，这是量子计算机的雏形。此后，牛津大学、AT&T公司、美国的高级研究计划局等都开展了量子计算机的相关研究。

2000年8月，美国IBM公司、斯坦福大学和卡尔加里大学的科学家宣布研制出了世界上最先进的量子计算机。该量子计算机使用了5个原子作为处理器和内存计算机。2007年，加拿大D-Wave公司成功研制出具有16量子比特的"猎户星座"量子计算机，并分别于2008年2月13日和2月15日在美国加利福尼亚和加拿大温哥华进行了展示。2017年5月3日，中国科学院潘建伟团队构建的光量子计算机实验样机计算能力已超越早期计算机。此外，中国科研团队完成了10个超导量子比特的操纵，成功打破了目前世界上最大位数的超导量子比特的纠缠和完整测量的记录。2018年10月12日，华为公布了在量子计算领域的最新研究进展：量子计算模拟器HiQ云服务平台问世，平台包括HiQ量子计算模拟器与基于模拟器开发的HiQ量子编程框架两个部分。

分子计算机

分子计算机可以利用分子计算的能力进行信息的处理，其运行靠的是分子晶体可以吸收以电荷形式存在的信息，并以更有效的方式进行组织排列。凭借着分子纳米级的尺寸，分子计算机的体积将剧减。此外，分子计算机耗电量可大大减少并能更长期地存储大量数据。

生物计算机

生物计算机也称仿生计算机，主要原材料是生物工程技术产生的蛋白质分子，并以此作为生物芯片来替代半导体硅片，利用有机化合物存储数据。生物计算机的运算速度要比当今最新一代计算机快十万倍，并具有很强的抗电磁干扰能力，能彻底消除电路间的干扰，其能量消耗仅相当于普通计算机的十亿分之一，且具有巨大的存储能力。生物计算机具有生物体的一些特点，如能发挥生物本身的调节机能，自动修复芯片上发生的故障，还能模仿人脑的机制等。

思考与讨论

计算机的发展，将给我们未来的社会生活带来哪些新的变化？

2.1.2 计算机系统

一个完整的计算机系统由硬件系统和软件系统两大部分组成，并按照"存储程序"的方式工作。

存储程序工作原理

存储程序原理是冯·诺依曼（John Von Neumann）于1946年提出的将程序像数据一样存储到计算机内部存储器中的一种设计原理，故称为冯·诺依曼原理，其基本思想是存储程序与程序控制。

存储程序是指人们必须事先把计算机的程序和数据通过输入设备送入内存；程序控制是指计算机执行程序，必须从第一条指令开始，逐一取出程序中的一条条指令，加以分析并执行规定的操作。

计算机硬件系统

硬件通常是指构成计算机的设备实体。这些部件和设备依据计算机系统结构的要求，构成一个有机整体，称为计算机硬件系统。

未配置任何软件的计算机称为裸机，它是计算机完成工作的物质基础。

一台计算机的硬件系统应由五个基本部分组成：运算器、控制器、存储器、输入设备和输出设备。这五大部分通过系统总线完成指令所传达的操作，当计算机接收指令后，由控制器指挥，将数据从输入设备传送到存储器存放，再由控制器将需要参加运算的数据传送到运算器，由运算器进行处理，处理后的结果由输出设备输出。

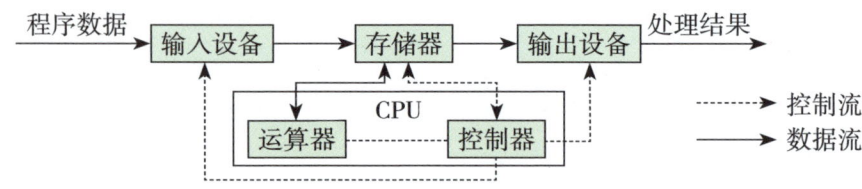

图 2-2　计算机硬件系统

输入设备

输入设备是向计算机输入数据和信息的设备,是计算机与用户或其他设备通信的桥梁。鼠标、键盘、扫描仪、数码摄像机、条形码阅读器、数码相机、手写输入板、游戏杆、语音输入装置等,都属于输入设备。输入设备的主要功能是把原始数据、输入数据和处理这些数据的程序转换为计算机能处理的数据形式,通过输入接口输入到计算机的存储器中。

图 2-3　键盘

图 2-4　鼠标

运算器

运算器又称算术逻辑单元（Arithmetic Logic Unit,ALU）,主要任务是执行各种算术运算和逻辑运算。算术运算是指各种数值运算,如加、减、乘、除等。逻辑运算是进行逻辑判断的非数值运算,如与、或、非、比较、移位等。计算机所完成的全部运算都是在运算器中进行的。

控制器

控制器是整个计算机系统的控制中心,指挥计算机各部分协调工作,保证计算机按照预先规定的目标和步骤有条不紊地进行操作及处理。控制器一般由指令寄存器、状态寄存器、指令译码器、时序电路和控制电路组成。当计算机执行程序时,控制器首先从指令寄存器中取得指令的地址,并将下一条指令的地址存入指令寄存器中,然后从存储器中取出指令,由指令译码器对指令进行译

图 2-5　CPU

码后产生控制信号，用以驱动相应的硬件完成指令操作。简言之，控制器是指挥和控制计算机各个部件进行工作的"神经中枢"。

通常把控制器和运算器合称为中央处理器（Central Processing Unit，CPU）。它是计算机的核心部件。

存储器

存储器分为两大类：内存储器和外存储器，简称内存和外存。内存储器又称为主存储器，外存储器又称为辅助存储器。存储器是具有"记忆"功能的设备，由具有两种稳定状态的物理器件——记忆元件来存储信息。记忆元件的两种稳定状态分别表示为"0"和"1"。存储器是由成千上万个"存储单元"构成的。每个存储单元存放一定位数（计算机上为8位）的二进制数，且都有唯一的地址。存储单元是基本的存储单位，不同的存储单元是用不同的地址来区分的，计算机采用按地址访问的方式在存储器中存数据和取数据。在计算机程序执行的过程中，当需要访问数据时，就会向存储器发送地址，同时发出一个"存"命令或者"取"命令。

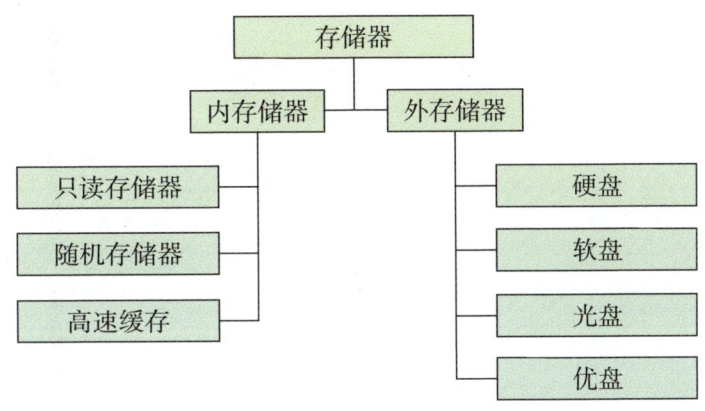

图 2-6　存储器分类

- 只读存储器（ROM）

ROM 是只读存储器（Read-Only Memory）的简称。ROM 中的数据或程序一般是装入整机前事先写好的，整机工作过程中只能读出，不能改写。ROM 所存数据稳定，断电后所存数据也不会改变。ROM 结构较简单，读出较方便，因而常用于存储各种固定程序和数据。ROM 的容量较小，一般存放系统的基本输入输出系统（BIOS）等。

- 随机存储器（RAM）

RAM 是随机存取存储器（Random Access Memory）的简称。随机存储器的容量与 ROM 相比要大得多，也叫主存，是与 CPU 直接交换数据的内部存储器。它可以随时读写，而且读写速度很快，但断电后所存的信息就会丢失，通常作为操作系统或其他正在运行中的程序的临时数据存储介质。目前计算机主存一般配置在 8 GB 左右。

计算机中的内存一般指随机存储器（RAM）。目前常用的内存有 DDR3、DDR4 和 SDRAM 等。

图 2-7　内存条

- 高速缓存（Cache）

高速缓存全称是高速缓冲存储器，是指存取速度比一般随机存储器（RAM）速度更快的一种 RAM。为协调 CPU 与内存二者之间的速度差，在之间设置一个与 CPU 速度接近的、容量相对较小的存储器，把正在执行的指令地址附近的一部分指令或数据从内存调入这个存储器，供 CPU 在一段时间内使用，便是高速缓存。

- 外存

外存全称是外存储器，指主机的外部设备，除计算机内存及 CPU 缓存以外的储存器。此类储存器断电后仍然能保存数据。常见的外存储器有硬盘、软盘、光盘、优盘等。外存的存取速度比内存慢得多，用来存储大量的暂时不参加运算或处理的数据和程序。一旦需要，外存可批量与内存交换信息。

CPU 运算所需要的程序代码和数据来自内存，内存中的东西则来自硬盘，所以硬盘并不直接与 CPU 打交道。

图 2-8　硬盘　　　　　　　图 2-9　光盘　　　　　　　图 2-10　优盘

输出设备

输出设备是计算机硬件系统的终端设备，用于接收计算机数据的输出显示、打印、声音、控制外围设备操作等，也就是把各种计算结果的数据或信息以数字、字符、图像、声音等形式表现出来。最常用的输出设备有显示器、打印机、音箱、绘图仪、各种数模转换器（D/A）等。

图 2-11　显示器

图 2-12　打印机

图 2-13　音响

从信息的输入输出角度来说，磁盘驱动器和磁带机既可以看作输入设备，又可以看作输出设备。

计算机的主要性能指标

计算机的性能指标是对计算机性能的评价，反映了计算机性能的优劣。了解计算机的主要性能指标对合理选购计算机是十分必要的。下面我们介绍最常用的几个计算机性能指标。

主频

主频指的是 CPU 的主频，即 CPU 的时钟频率。主频越高，CPU 的运算速度就越快。主频在很大程度上决定了计算机的运算速度。

图 2-14　主频

字长

同一时间内能够处理二进制数的位数叫字长。通常称处理字长为 8 位二进制数据的 CPU 叫 8 位 CPU，处理字长为 32 位二进制数据的 CPU 叫 32 位 CPU。目前市面上计算机的 CPU 大部分已达到 64 位。其他指标相同时，字长越大的计算机处理数据的速度越快。

内核数

内核数是指中央处理器的核心数量。在 CPU 研发的过程中，人们发现提高处理器速率的同时会产生更高的热量，使得计算机出现其他问题。因此，多核心处理器应运而生。所谓多核心处理器，就是在一块 CPU 基板上集成两个或两个以上的处理器核心。多核心处理器可在特定的时间内执行更多的任务,进一步提高计算机的性能。一般来说,内核数越大,计算机运行速度越快。

内存容量

内存容量是指内存储器中能存储信息的字节数。我们平常使用的程序,如游戏软件、办公软件、图像处理软件等,一般都是安装在硬盘等外存上的,必须把它们调入内存中运行,才能真正使用其功能。一般来说,内存容量越大,计算机处理速度越快。

硬盘转速

硬盘转速是指硬盘内电机主轴的旋转速度,以每分钟多少转来表示。硬盘的主轴带动盘片高速旋转,产生浮力使磁头飘浮在盘片上方,磁头通过感应旋转的盘片上磁场的变化来读取数据,通过改变盘片上的磁场来写入数据。因此,硬盘主轴旋转得越快,读写速度也就越快。硬盘的转速在很大程度上决定了硬盘的读写速度。

实践任务

根据生活需要,结合学习内容,计划选购一台电脑,并说明其性能如何。

计算机软件系统

计算机的软件系统是指计算机运行的各种程序、数据及相关的文档资料。计算机软件系统通常被分为系统软件和应用软件两大类。系统软件是指负责控制和协调计算机及其外部设备、支持应用软件的开发和运行的一类计算机软件。应用软件是为解决某一问题而由用户或软件公司开发的一类计算机软件。

系统软件

系统软件是无须用户干预的各种程序的集合,主要功能是调度、监控和维护计算机系统,负责管理计算机系统中各种独立的硬件,使它们可以协调工作。系统软件主要包括操作系统、语言处理程序、数据库管理系统、支撑服务软件等。

- 操作系统

操作系统是一组对计算机资源进行控制与管理的系统化程序集合。操作系统管理计算机的硬件设备,使应用软件能方便、高效地使用这些设备。常见的电脑操作系统有Windows、Mac OS、UNIX、Linux等。常见的智能手机和平板电脑上操作系统有安卓(Android)、iOS等。操作系统是直接运行在裸机上的最基本的系统软件,任何其他软件必须在操作系统的支持下才能运行。以下介绍几种常用的计算机操作系统。

◎ Windows 操作系统。Microsoft Windows 操作系统是美国微软公司研发的一套操作系统，问世于 1985 年，最早是作为 Microsoft-DOS 的模拟环境。后续的系统版本经过不断更新升级，使用起来更为方便，慢慢地成为家庭用户最喜爱的操作系统。Windows 操作系统的操作界面容易识别，窗口制作优美，多个版本的操作系统有良好的传承，人机互动性能非常好，易于上手，对计算机资源管理效率较高。Windows 操作系统支持多种硬件平台，硬件适应性好。因此，很多硬件公司主动将产品与 Windows 操作系统相匹配，进一步提高了该操作系统的功能拓展性，方便了用户的使用。当前较为流行的版本有 Windows 7、Windows 10 操作系统。

图 2-15　Windows 操作系统

◎ Mac OS 操作系统。Mac OS 是一套运行于苹果 Macintosh 系列计算机上的操作系统。由于苹果电脑的架构与 Windows 不同，很少受到病毒的袭击。Mac OS 操作系统界面非常独特，突出了形象的图标和人机对话。Mac OS 系统简洁、稳定，且与 iOS 手机系统的协同性较高，使得手机与电脑连接的操作非常简单、方便。

图 2-16　Mac OS 操作系统

◎ UNIX 操作系统。UNIX 是一个强大的多用户、多任务操作系统，支持多种处理器架构，于 1969 年在美国电话电报公司（AT & T）的贝尔实验室成功开发。UNIX 可以应用于从巨型计算机到个人计算机等多种不同的平台上，强大的网络支持功能也使其广泛应用于网络服务器。目前较为流行的类 UNIX 操作系统有 IBM 公司开发的 AIX、SUN 公司开研发的 Solaris、惠普公司开发的 HP-UX、硅谷图形公司开发的 IRIX 操作系统。

◎ Linux 操作系统。Linux 是一个多用户、多任务、支持多线程和多 CPU 的操作系统，支持 32 位和 64 位硬件，具有开放源代码、可移植性良好、代码资源丰富的特性。Linux 继承了 UNIX 以网络为核心的设计思想，是一个性能稳定的多用户网络操作系统。Linux 系统同时具有字符界面和图形界面，并且可以在多种硬件平台上运行，系统稳定性好。当前流行的"大数据""云计算""人工智能"等技术，很多都依托于 Linux 系统。当前较为流行的 Linux 发行版本有 Red Hat、Ubuntu、CentOS 等。

图 2-17　Linux 操作系统

- 语言处理程序

CPU 执行每一条指令都只完成一项十分简单的操作，单纯对这些操作编写基本指令也十分容易。但一个系统软件或应用软件是由成千上万甚至上亿条指令组合而成，直接用基本指令来编写软件是一件繁重且艰难的工作。因此，需要使用程序设计语言完成程序的编写。

程序设计语言编写的源程序，计算机是不能直接执行的。计算机只能直接识别和执行机器语言，要在计算机上运行高级语言程序，就必须配备程序语言翻译程序，不同的高级语言都有相应的翻译程序。翻译程序就是语言处理程序，包括汇编程序、编译程序和解释程序等。它们的基本功能是把用面向用户的高级语言或汇编语言编写的源程序翻译成计算机可执行的二进制语言程序。

◎ 机器语言。机器语言是用二进制代码表示的计算机能直接识别和执行的机器指令的集合。一条指令就是机器语言的一个语句，是一组有意义的二进制代码。指令由操作码字段和地址码字段组成，其中操作码指明了指令的操作性质及功能，地址码则给出了操作数或操作数的地址。用机器语言编写的程序可以充分发挥硬件的功能，程序容易编写得紧凑，且运行速度快。但这种指令非常复杂，编写难度大，编出的程序全是 0 和 1 组成的指令代码，直观性差，容易出错。而且不同型号计算机的机器语言是不相通的，按一种计算机的机器指令编制的程序，不能在另一种计算机上执行。

◎汇编语言。汇编语言是一种用于电子计算机、微处理器、微控制器或其他可编程器件的低级语言，也称为符号语言。汇编语言和机器语言基本上是一一对应的，用助记符代替机器指令的操作码，用地址符号或标号代替指令或操作数的地址。汇编语言比机器语言直观，容易记忆和理解。用汇编语言编写的程序比机器语言程序易读、易检查、易修改。汇编语言指令是机器指令的一种符号表示，而不同类型的 CPU 有不同的机器指令系统，也就有不同的汇编语言。所以，汇编语言程序与机器有着密切的关系，很难在系统间移植，导致了程序的编写仍然比较困难，程序的可读性也比较差。

机器语言和汇编语言一般都称为低级语言。

◎高级语言。高级语言是高度封装了的编程语言，与低级语言相对。它是以人类的日常语言为基础的一种编程语言，使用一般人易于接受的文字来表示（如汉字、英文等），从而使编程更容易，有较高的可读性，对计算机编程语言认知较浅的人亦可以大概明白其内容。高级语言包括解释型和编译型两类。

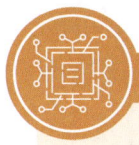

拓展视野

什么是编程

编程是编定程序的中文简称，是为了让计算机代为解决某个问题，而对某个计算体系规定一定的运算方式，使计算体系按照该计算方式运行，并最终得到相应的结果。为了使计算机能够理解人的意图，人类就必须将解决问题的思路、方法和手段通过计算机能够理解的方式告诉计算机，使得计算机能够根据人的指令一步一步地工作，完成某种特定的任务。这种人和计算体系之间交流的过程就是编程。

编程主要通过高级语言编写源程序。源程序转换到机器目标程序的方式有两种：解释方式和编译方式，它们分别通过解释程序和编译程序来完成。

解释程序

解释程序接受用某种程序设计语言（如 Python、Java、Basic 等）编写的源程序。解释程序从源程序中取一个语句，进行语法检查，如果语法有错，则输出错误信息；否则，根据所确定的语句类型转去执行相应的子程序。执行完后检查整个解释工作是否完成，如果未完成，则继续解释下一语句，最后完成所有语句的解释工作。解释程序对源程序一边翻译一边执行，不产生目标程序。

编译程序

编译程序是指把用高级程序设计语言（如 Fortran、Pascal、C 等）书写的源程序翻译成等价的机器语言格式目标程序的程序，其翻译过程称为编译。

编译型语言系统在执行速度上都优于解释型语言系统。但是，编译程序比较复杂，使得其开发和维护的成本较高。

- 数据库管理系统

数据库管理系统主要用来建立存储各种数据资料的数据库，数据库管理系统有组织地、动态地储存大量数据，使人们能方便、高效地使用这些数据。常用的数据库管理系统有 MySQL、Oracle、SQL Server、Access、DB2、Sybase 等，它们都是关系型数据库管理系统。

- 系统支撑和服务程序

这些程序又称工具软件，如系统诊断程序、调试程序、排错程序、编辑程序、查杀病毒程序等，它们都是为维护计算机系统的正常运行或支持系统开发所配置的软件。

应用软件

应用软件是用户可以使用的各种程序设计语言，以及用各种程序设计语言编制的应用程序的集合，分为应用软件包和用户程序。应用软件包是利用计算机解决某类问题而设计的程序的集合，供多用户使用。随着计算机应用领域的不断拓展和计算机应用的普及，应用软件的种类与日俱增，有办公类软件如 Microsoft Office、WPS Office 等，互联网软件如 360 浏览器、QQ、微信等，多媒体软件如腾讯视频播放器、QQ 音乐等，分析软件如统计产品与服务解决方案软件（SPSS）、计算机辅助设计软件（AutoCAD）等。只为完成某一特定专业的任务，针对某行业、某用户的特定需求而专门开发的软件，如某个公司的管理系统等，也是应用软件。

2.1.3 计算机网络

计算机网络是指将地理位置不同的具有独立功能的多台计算机及其外部设备，通过通信线路连接起来，在网络操作系统、网络管理软件及网络通信协议的管理和协调下，实现资源共享和信息传递的计算机系统，即我们平时讲的互联网（Internet）。

近年来，手机、电视机、计算机和通信卫星等领域正在迅速地融合，通信网络、计算机网络和有线电视网络这三类网络正逐渐向单一的统一 IP 网络发展，即所谓的三网合一。为了实现三网互联互通、资源共享，提高国民经济和社会信息化水平，国家"十五"规划到"十三五"规划期间，都做出了明确指示和努力以促进三网融合。随着网络技术的不断发展，信息的获取、传送、存储和处理日益方便，给全球经济、技术和社会生活带来了巨大的影响，这一切都是通过 Internet 实现的。随着网络应用不断深入，各种新型应用向计算机网络提出了新的挑战。回顾和展望计算机网络的发展，对于了解和研究计算机网络有着重要意义。

计算机网络基础

计算机网络是计算机与通信相结合的产物，它的出现和发展使计算机应用发生了巨大的变化。计算机的处理模式从最初的以大型主机为核心的集中式运算和以个人电脑为基本单元的独立处理，发展成现在的网络计算，应用范围已远远超出了科学计算，成为综合信息、通信和娱乐的工具。计算机网络的发展既得到计算机科学技术和通信科学技术的支撑，又得到运用计算机网络专业领域技术的支持。

计算机网络的软件技术基础主要有两种，一是通信协议，二是开放体系结构。前者通过各层"协议"来管理同层实体的会话和信息传输；后者旨在遵循统一的国际标准，允许各种异构网络的互联，与内部实体无关。

通信协议

数据交换、资源共享是计算机网络的最终目的。要保证有条不紊地进行数据交换，合理地共享资源，各个独立的计算机系统之间必须达成某种默契，严格遵守事先约定好的一整套通信规程，包括要交换的数据格式、控制信息的格式、控制功能以及通信过程中事件执行的顺序等。

通信协议主要由以下三个要素组成：

语法，即用户数据与控制信息的结构或格式；

语义，即需要发出何种控制信息，以及完成的动作与作出的响应；

时序，即对事件实现顺序的详细说明。

体系结构

计算机网络的协议是按照层次结构模型来组织的，我们将网络层次结构模型与计算机网络各层协议的集合称为网络的体系结构或参考模型。下面介绍一下 OSI（Open System Interconnection，开放系统互联）参考模型，如图 2-18 所示。

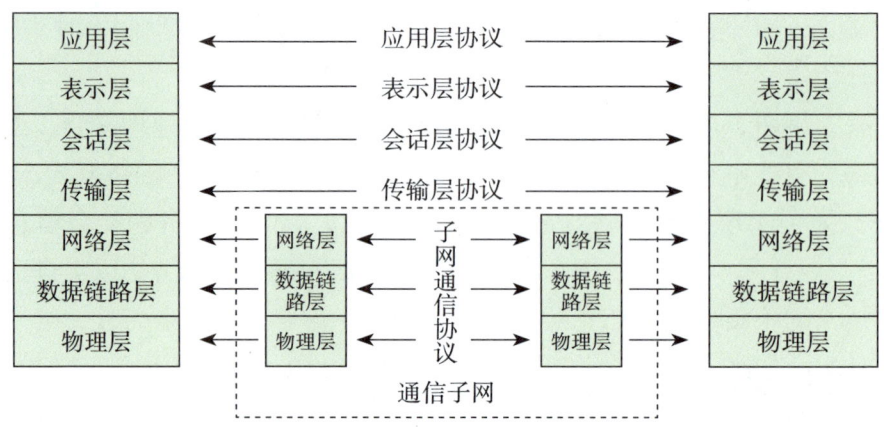

图 2-18 网络体系结构

◎物理层：位于 OSI 参考模型的最底层，建立在传输媒介基础上，起建立、维护和取消物理连接作用。其功能是为数据端设备提供传送数据的通路，提供比特（bit）流传输服务。

◎数据链路层：负责在各个相邻节点间的线路上无差错地传送以帧（Frame）为单位的数据。每一帧包括一定数量的数据和一些必要的控制信息，其功能是对物理层传输的比特流进行校验，使本来可能出错的数据链路变成不出错的数据链路，从而对上层提供无差错的数据传输。

◎网络层：它的任务就是要选择合适的路由，使发送端的传输层传下来的分组能够准确无误地按照目的地址发送到接收端，使传输层及以上各层在设计时不再需要考虑传输路由。

◎传输层：在发送端和接收端之间建立一条不会出错的路由，对上层提供可靠的报文传输服务。传输层保证的是发送端和接收端之间的无差错传输，主要控制的是包的丢失、错序、重复等问题。

◎会话层：会话层不参与具体的数据传输，对数据传输进行管理。

◎表示层：表示层主要为上层用户解决用户信息的语法表示问题，主要功能是完成数据转换、数据压缩和数据加密等。

◎应用层：应用层是 OSI 参考模型中的最高层。应用层确定进程之间的通信性质以满足用户的需要，负责用户信息的语义表示，并在两个通信者之间进行语义匹配。

计算机网络的发展历程

第一代计算机网络——网络雏形阶段

20 世纪 60 年代，美国国防部领导的高级研究计划署（ARPA）主导设计的半自动地面防空系统将雷达和测控仪器探测到的信息通过通信线路会集到一台 IBM 计算机上，进行集中的信息处理，而后将处理好的数据通过通信线路送回到各自的终端设备。严格来讲，这种以单个计算机为中心、面向终端设备的网络结构是一种联机系统，只是计算机网络的雏形，我们一般称之为第一代计算机网络。

第二代计算机网络——网络初级阶段

1969 年，美国国防部创建了第一个分组交换网——阿帕网（ARPAnet）。ARPAnet 是一个单个的分组交换网，所有想连接上它的主机都直接需要与就近的节点交换机相联。20 世纪 70 年代中期，人们认识到仅使用一个单独的网络无法满足所有的通信问题，于是开始研究网络互联技术，这就促进了后来 Internet 的出现。到 1983 年，入网计算机达到 100 多台。

阿帕网的建成标志着计算机网络的发展进入了第二代，它也是 Internet 的前身。第二代计算机网络是以分组交换网为中心的计算机网络，与第一代计算机网络的区别在于，一是网络中通信双方都是具有自主处理能力的计算机，而不是终端机；二是计算机网络功能以资源共享为主，而不是以数据通信为主。

第三代计算机网络——网络体系结构统一

20 世纪 70 年代至 80 年代中期，以太网产生，ISO 制定了网络互联标准 OSI，世界上有了统一的网络体系结构，遵循国际标准化协议的计算机网络迅猛发展。OSI 网络体系结构的制定，为网络的发展提供了一个可共同遵守的规则，从此计算机网络的发展走上了标准化的道路。因此，我们把体系结构标准化的计算机网络称为第三代计算机网络。

第四代计算机网络——网络综合化、高速化发展

进入 20 世纪 90 年代，Internet 的建立将分散在世界各地的计算机和各种网络连接起来，形成了覆盖世界的大网络。局域网技术发展成熟。第四代计算机网络就是以千兆位传输速率为主的多媒体智能化网络。

目前，计算机网络正向互联、高速、智能化和全球化发展，并且迅速得到普及，实现了全球化的广泛应用。

思考与讨论

网络对你的学习、生活产生了什么影响？

TCP/IP 协议及域名系统

TCP/IP 协议

TCP/IP 协议是 1974 年由文顿·瑟夫（Vinton Cerf）和罗伯特·卡恩（Robert

Kahn）开发的。随着 Internet 的飞速发展，TCP/IP 协议现已成为事实上的国际标准。TCP/IP 协议实际上是一组协议，是一个完整的体系结构，由传输控制协议（TCP）和网际协议（IP）组成。传输控制协议负责管理被传送信息的完整性；网际协议负责将信息发送到指定的接收机。

IP 地址

IP 地址是指互联网协议地址。IP 地址是 IP 协议提供的一种统一的地址格式，它为互联网上的每一个网络和每一台主机分配一个逻辑地址，以此来屏蔽物理地址的差异。

网际协议版本 4（IPv4），又称互联网通信协议第四版，是网际协议开发过程中的第四个修订版本，也是此协议第一个被广泛部署的版本。IPv4 是互联网的核心，也是使用最广泛的网际协议版本，其后继版本为 IPv6。

IPv4 地址由 32 位二进制数组成，分成四段，每八位构成一段，每段所能表示的十进制数的范围最大不超过 255，段与段之间用"."隔开，分成网络号和主机号两部分。

IPv4 地址编址方案将 IP 地址空间划分为 A、B、C、D、E 五类，其中 A、B、C 是基本类，它们均由网络号和主机号两部分组成，规定每一组都不能用全 0 和全 1。通常全 0 表示网络本身的 IP 地址，全 1 表示网络广播的 IP 地址。为了区分类别，A、B、C 三类的最高位分别为 0、10、110，D、E 类作为多播和保留使用。下面介绍 A、B、C 这三类 IP 地址。

A 类地址：在 IP 地址的四段号码中，第一段号码为网络号码，剩下的三段号码为本地计算机的号码。A 类 IP 地址通常用于大型网络。

B 类地址：在 IP 地址的四段号码中，前两段号码为网络号码。B 类 IP 地址适用于中等规模的网络，每个网络所能容纳的计算机数为 6 万台左右。

C 类地址：在 IP 地址的四段号码中，前三段号码为网络号码，剩下的一段号码为本地计算机的号码。C 类 IP 地址一般适用于校园网等小型网络。

A 类	0	网络标识（1—127）			主机标识（24 位）	
B 类	1	0	网络标识（128—191）		主机标识（16 位）	
C 类	1	1	0	网络标识（192—223）		主机标识（8 位）
D 类	1	1	1	0	网络标识（224—239）组播地址	
E 类	1	1	1	1	网络标识（240—255）保留为今后使用	

图 2-19　IP 地址分类

子网掩码

互联网是由许多小型网络构成的，每个网络上都有许多主机，这样便构成了一个有层次的结构。IP 地址在设计时就考虑到地址分配的层次特点，将每个 IP 地址都分割成网络号和主机号两部分，以便于 IP 地址的寻址操作。如果不指定 IP 地址，就不知道哪些位是网络号、哪些是主机号，这就需要通过子网掩码来实现。

我们一般使用的是 C 类 IP 地址，主机最多可包含 254 个。有的单位拥有 IP 地址却没有那么多的主机入网，造成 IP 地址的浪费；有的单位主机入网需求大，造成 IP 地址紧缺。这样的问题可以利用主机位的一位或几位将子网进一步划分，缩小主机的地址空间而获得一个范围较小的、实际的网络地址（子网地址），更加便于管理网络。这就是子网掩码的作用。

IPv6

IPv6 是互联网协议第六版的英文缩写，其设计的主要目的是替代 IPv4 成为下一代 IP 协议。IPv4 最大的问题在于网络地址资源有限，严重制约了互联网的应用和发展，IPv6 采用 128 位地址长度，几乎可以不受限制地提供地址。按保守方法估算 IPv6 实际可分配的地址，整个地球每平方米面积上仍可分配 1000 多个地址。IPv6 的应用，不仅能解决网络地址资源数量的问题，还能消除多种接入设备连入互联网的障碍。

我们国家也正在积极推动 IPv6 的使用。2017 年 11 月 26 日，中共中央办公厅、国务院办公厅印发《推进互联网协议第六版（IPv6）规模部署行动计划》，并发出通知，要求各地区各部门结合实际认真贯彻落实。2018 年 6 月，移动、联通、电信等三大运营商联合阿里云宣布，将全面对外提供 IPv6 服务，并计划在 2025 年前助推中国互联网真正实现"IPv6 Only"。2019 年 4 月 16 日，工业和信息化部发布《关于开展 2019 年 IPv6 网络就绪专项行动的通知》。同年 5 月，工业和信息化部称计划于 2019 年末，完成 13 个互联网骨干直联点 IPv6 的改造。以上一切都预示着，我们国家将在不久的将来全面部署下一代 IPv6 互联网，随着 IPv6 的各项技术日趋完善，成本过高、发展缓慢、支持度不够的 IPv4 将很快淡出人们的视野。

域名系统

域名系统（DNS）是互联网的一项服务。在上网时，记住每个网站的 IP 地址是非常麻烦的，但如果我们给每个网站起一个名字，那么访问网站就变得非常简单了。网站的名字就是所谓的域名。域名用于在数据传输时标识计算机的电子方位，每个域名是由几个域组成的，域与域之间用小圆点"."分开，如 www.baidu.com。域名系统作为将域名和 IP 地址相互映射的一个分布式数据库，能够使人们更方便地访问互联网。从功能上说，域名系统基本上相当于一本电话簿，已知一个姓名就可以查到一个电话号码,它与电话簿的区别是域名服务器可以自动完成查找过程。

实践任务

查看一下计算机的 IP 地址和子网掩码。

2.1.4 网络安全与病毒防治

网络安全是指网络系统的硬件、软件及其系统中的数据受到保护,不因偶然的或者恶意的原因而遭受到破坏、更改、泄露,系统连续可靠正常地运行,网络服务不中断。

网络安全的重要性

网络安全是一个关系着国家安全和主权、关系着社会稳定、关系着民族文化继承和发扬的重要问题。随着全球信息化步伐的加快,它的重要性变得越来越明显。同时,随着信息技术的深入发展,网络安全面临的问题也日益严峻。例如,别有用心的国家利用网络干涉其他国家内政,严重危害其他国家的政治安全;大规模的网络监控、窃密等严重危害用户信息安全。

通过扰乱网络安全危害国家和社会的实例有很多。2017 年 5 月,WannaCry 勒索软件席卷全球,多个国家遭到勒索病毒攻击,我国大批高校的计算机被严重感染,众多师生的电脑文件被病毒加密,只有支付赎金才能恢复。2018 年 8 月 2 日傍晚,全球第一家晶圆(通俗地讲晶圆可以认为是芯片的"地基")代工企业台积电(TSMC)遭遇勒索病毒入侵,病毒于当晚 10 点左右快速扩散至三大重要生产基地,致使生产线全数停摆,此次事件预计约造成 87 亿元新台币(当时约合人民币 17.6 亿元)损失。

2018 年 4 月 20—21 日,全国网络安全和信息化工作会议在北京召开。习近平总书记指出,没有网络安全就没有国家安全,就没有经济、社会稳定运行,广大人民群众利益也难以得到保障。要树立正确的网络安全观,加强信息基础设施网络安全防护,加强网络安全信息统筹机制、手段、平台建设,加强网络安全事件应急指挥能力建设,积极发展网络安全产业,做到关口前移,防患于未然。

网络安全事关国家安全和国家发展,事关广大人民群众的切实利益,深刻影响政治、经济、文化、社会、军事等各领域安全。因此,网络安全非常重要,要有足够强的安全保护措施,确保网络信息的安全、完整、可用,并营造一个风清气正的网络空间。

信息安全意识

在认识网络安全重要性的同时，提高网络安全意识也十分重要。养成良好的安全习惯和安全意识有利于避免或减少不必要的损失。

定期修改密码

在享受网络便利的过程中，不可避免地使用密码。一个不易破解的密码可以有效地降低被盗号的风险。澳大利亚的标准 AS17799 建议密码长度要在八位以上，并且应该混合字母和各种特殊字符，特别注意要定期修改密码。

网络和个人计算机安全

在上网的过程中，应注意培养良好的安全意识。例如，不随意在公用电脑上登录个人账户，安装防病毒软件，不安装未授权的软件等。

电子邮件安全

电子邮件在发送的过程中，有可能会被黑客截获甚至修改。解决方法是不要打开来路不明的邮件；使用安全电子邮件，通过数字证书对邮件进行数字签名和加密；尽可能确保邮件不被其他人偷阅。

物理安全

物理安全涉及在物理层面上避免企业资源和敏感信息泄露。比如，加强对移动存储介质的保护（硬盘加密），根据相关安全处理程序保存机密文件等。

计算机病毒的发展历史及趋势

当同学们领略到电脑奇妙功能的同时，往往也受到计算机病毒的困扰，计算机染上病毒，轻则干扰正常工作，重则会使珍贵的数据和程序顷刻间全部丢失。计算机病毒给用户带来的危害、给电脑系统造成的损失已引起了国际社会的广泛关注，计算机病毒已成为一个社会问题。

1987 年，计算机用户忽然发现，在世界各个角落几乎同时出现了形形色色的计算机病毒。Brain、Lenigh、IBM 圣诞树、黑色星期五、台湾一号病毒、DIR-II 病毒、幽灵病毒、米开朗基罗病毒等陆续出现，危害计算机和网络安全。至今，计算机病毒种类已超过一万种。

1988 年底，我国国家统计系统发现小球病毒。随后，中国有色金属总公司所属昆明、天津、成都等地的一些单位，全国一些科研部门和国家机关也相继发现病毒入侵。自从"中国炸弹"病毒出现后，国产病毒越来越多。

纵观计算机病毒的发展历史，我们不难看出，计算机病毒已从简单的引导型、文件型或者混合型病毒发展到了多形性病毒、欺骗性病毒、破坏性病毒。计算机病毒已从攻击安全性较低的 DOS 平台发展到攻击安全性较高的 Windows 平台；从破坏磁盘数据发展到直接对硬件芯片进行攻击。1995 年宏病毒的出现，使病毒从感染可执行文件过渡到感染某些非纯粹的数据文件。各种迹象表明，病毒正向各个领域渗透，一些新病毒更隐秘，破坏性更强。

计算机病毒的特征

我们身边的计算机病毒可谓形形色色、各种各样。它们普遍具有潜伏性、传染性和破坏性。

潜伏性

计算机病毒是一种没有程序名的小程序，一般小于 4000 个字节，对于硬盘的容量来说是微不足道的。计算机病毒的潜伏性是指其具有通过修改其他程序而把自身进行复制嵌入到其他程序或磁盘的引导区中寄生的能力，并且这种复制过程是隐蔽的。一个编制巧妙的计算机病毒程序，可以在几周或者几个月甚至几年内隐蔽在合法文件或引导区中，对其他文件或系统进行传染，而不被人们发现。由于病毒的潜伏性，如果杀毒不彻底，病毒还会再次流行起来。

传染性

传染性是衡量一个程序是否为病毒的首要条件，如果没有传染性，则只能称之为有害程序，不能称之为电脑病毒。计算机病毒的传染性是指它的再生机制，病毒程序一旦进入系统并与系统中的合法程序链接在一起，就会在被传染的合法程序运行时感染其他程序，这样一来，病毒就会很快地传染到整个计算机或者扩散到硬盘上面。

计算机病毒的传染性是计算机病毒的重要特性，这一特性使得病毒的扩散范围很大。一个计算机病毒可以在很短的时间传染一个局部网络、一个大型计算机中心或一个大型计算机网络。

破坏性

计算机病毒的破坏性取决于计算机病毒的制作者。如果病毒制作者的目的在于破坏系统的正常运行，那么这种病毒对于计算机系统进行攻击所造成的后果是可想而知的。它可能造成计算机无法正常启动、运行速度减慢、大批文件丢失和混乱，部分或全部数据丢失或被篡改并无法恢复。

病毒产生破坏作用需要一个触发条件：或者触发其传染，即在一定的条件下使之进行传染；或者触发其发作，即在一定条件下激活计算机病毒的表现及破坏部分。激发条件可以是外界的，也可以是系统内部的，但对病毒本身而言，激发条件都是外部因素。一种病毒只是设置一定的激发条件,这个条件的判断是病毒自身的功能,而条件则不是病毒自身提供的。

预防计算机病毒的几种有效办法

计算机病毒十分狡猾,随时在寻找入侵计算机的机会。因此,全民要提高对计算机病毒的防范意识并在技术上采取一些防范措施,不给病毒以可乘之机。在计算机的具体使用中应做到如下几点:

不使用盗版或来历不明的软件,尊重知识产权。盗版或来路不明的软件一般来源于一些非官方网站,在这些网站上下载软件时可能会感染计算机病毒,甚至有些病毒就存在于这些盗版软件中,当安装这些盗版软件时电脑就会感染病毒。应登录官方网站,使用正版软件,避免感染计算机病毒。

要经常对硬盘上的数据进行备份。定期备份使数据不但在硬盘遭到破坏或无意格式化操作后能及时得到恢复,而且在计算机病毒侵害后也能得以恢复。其操作是用带有写保护的原始系统盘引导操作系统,用"拷贝"命令或工具软件将重要的文件备份。

一旦发现计算机遭到病毒感染,应尽快隔离杀死病毒。如不明确是何种病毒且没有有效的杀毒软件时,可对硬盘和该计算机使用过的优盘格式化。

要使用国家安全部门认可的清病毒软件定期对计算机进行病毒检查,发现病毒并及时杀死。要注意有关计算机病毒方面的信息,杀毒软件要及时升级,以应对病毒程序的升级换代。

综上所述,只要我们提高警惕,注意对计算机的保护,及时清查、消除病毒,就可以减少或避免病毒的破坏。

常用的杀毒软件

杀毒软件是一种可以对病毒、木马等一切已知的对计算机有危害的程序代码进行清除的程序工具。目前国内常用的杀毒软件有以下几种:

360杀毒

360杀毒是360安全中心出品的一款免费的云安全杀毒软件。360杀毒具有查杀率高、资源占用少、升级迅速等优点。一键扫描,快速、全面地诊断系统安全状况和健康程度,并进行精准修复。

腾讯电脑管家

腾讯电脑管家是腾讯公司推出的免费安全软件,拥有云查杀木马、系统加速、漏洞修复、实时防护、网速保护、电脑诊所、健康小助手、桌面整理、文档保护等功能,全方位保护个人电脑不受病毒侵害。

卡巴斯基

卡巴斯基反病毒软件是世界上最先进的杀毒软件之一。公司总部设在俄罗斯首都莫斯科，为个人用户、企业网络提供反病毒、防黑客和反垃圾邮件产品。卡巴斯基拥有独特的知识和技术，成为病毒防卫的技术领导者和专家。

图 2-20　360 杀毒图标　　　图 2-21　腾讯电脑管家图标　　　图 2-22　卡巴斯基图标

实践任务

任选一种杀毒软件，查杀计算机病毒。

2.2　e 时代的沟通与表达：常用工具软件

随着数字信息化时代的到来，计算机在现实生活中的应用越来越普及，人们工作和生活对计算机的依赖也越来越大，对计算机技术的要求也变得越来越高。计算机使工作数据处理变得更简单高效，信息的获取也变得更方便快捷，掌握基础的计算机应用软件尤其是常用的办公软件就显得尤为重要。

所谓办公软件，就是指用计算机进行文字编辑、工作表格制作、幻灯片制作、图形图像处理、简单数据库处理等工作的软件。常用的有文字编辑、电子表格、电子幻灯片等应用程序。工具软件的应用范围非常广，已涉及网络办公、电子政务、协同商务等多个领域，影响着每个人的工作和生活。现在常用的办公软件包括微软 Office 系列、金山 WPS 系列、永中 Office 系列、红旗 2000 Red Office 等。微软 Office 系列全称是 Microsoft Office，是微软公司开发的一套基于 Windows 操作系统的办公软件，常用组件有 Word、Excel、PowerPoint 等，是目前应用最广泛的办公软件。金山 WPS 是我国自主研发的办公软件，兼容性强，占用磁盘空间少，还支持云盘自动备份等功能，受到越来越多用户的欢迎。

拓展视野

金山 WPS 办公软件

金山 WPS Office 是一款办公软件套装,可以实现办公软件最常用的文字、表格、演示等多种功能。

金山 WPS 文字编辑软件不仅包括了 Word 文档编辑软件功能,而且附带了一些新功能,比如能将整个 Word 文档变成一张图片,或者是直接把 Office 文档里的内容上传到微博,也就是能够进行个性化的编辑。为了实现个性化编辑,金山 WPS 专门推出了稻壳儿在线模板功能。一开始,稻壳儿在线模板仅有一些常用的文档格式供使用者选择,例如求职简历、总结报告等。后来有一些金山 WPS 用户不满足固定的模式,上传并分享自己设计的模板,所以现在 WPS 的模板非常丰富。注册登录以后,作者可以选择自己喜欢的页面进行操作。云文档的功能设置,可以有效避免文档的丢失,并且只要有网络随时都可以进行文档的下载和修改。

数据处理软件是在原 Excel 的基础之上添加了相关功能,丰富了种类和样式。且更加人性化的是,WPS 办公软件轻办公支持 QQ、微博和金山账号等三种账号同时登录,方便大家直接用已有的账号进行登录,免去重复注册的麻烦。

WPS 中也有演示文稿编辑软件。新版的 WPS PPT 幻灯片功能也很强大,加入了微软 PPT 没有的一些功能,同样适用于大型企业、教育培训机构以及专业教材制作者制作课件。

2.2.1 编写漂亮的文档——文字处理软件

文字编辑软件是最基础的计算机办公软件,文字编辑软件可以对文字内容进行编辑处理,使文字内容符合要求;可以通过计算机完成文字输入与输出工作,提高文字书写的效率;可以将文字内容及时保存于计算机中,避免文档丢失。

文字编辑软件的基本功能

文字编辑软件在企业办公自动化方面有着重要的意义:一方面,利用文字编辑软件能够极其方便地进行文字编辑、排版、校对和打印;另一方面,文字编辑软件占用的存储空间较小,通过便携式的移动存储设备即可进行文件的转存、备份等工作，有利于工作效率的提升。Microsoft Office Word 是一款常用的文字编辑软件，下面以 Word 2010 为例介绍。Word 2010 的操作界面如图 2-23 所示。

图 2-23　Word 2010 操作界面

Word 文件的后缀名为 .doc、.docx。Word 功能非常强大，用户使用 Word 编辑文档的时候，可以对字体、字号进行选择，页面上出现的效果就是打印效果，所见即所得，非常直观。Word 软件自带很多种字体，可以实现多种文字效果；用 Word 不仅可以编辑文字，还可以插入、编辑图片，进行表格处理等，能够将文档制作得非常好看。用 Word 软件制作表格，既轻松又美观，既快捷又方便。Word 文档编辑完成之后，可以保存成多种文件格式以适应多种应用软件，可以编辑邮件、网页等。这些功能可以满足绝大部分日常办公的需求。

文字编辑软件的实际应用

学习笔记

现在很多同学上课都会用笔记本电脑记录学习内容，使用文档编辑软件的相关功能，可以更高效地提高笔记质量，对笔记进行后期查看和管理。在编辑学习笔记文档时，常用的设置有以下几方面：

- 页面设置

1.在编写正文前，我们可以先对页面进行设置来调整页面的大小和工作区域。以 Word 2010 为例，选择"页面布局"选项卡（图 2-24），进入"页面设置"组，单击"页边距"选择"自定义边距"，设置上、下、左、右边距及装订线边距（图 2-25），再选择"版式"选项卡中页眉页脚的边距（图 2-26）。

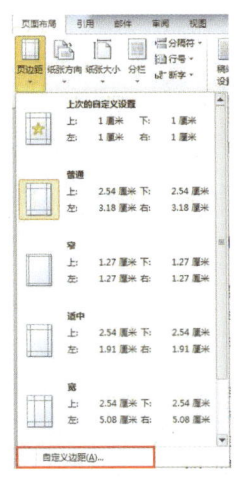  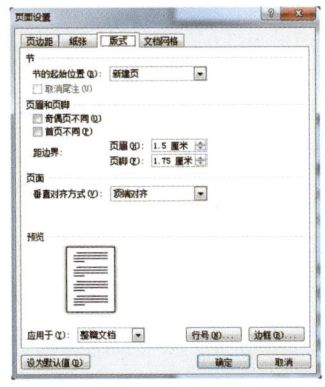

图 2-24　页面布局　　图 2-25　页面设置-页边距　　图 2-26　页面设置-版式

- 样式设置

样式是指标题、正文段落等格式。通过设置样式，可使一篇文章中同一级别的内容格式一致。管理这些样式，可以很方便地管理文档的各级格式。后期如需调整文档格式，只需修改对应样式，就可同步更新所有使用该样式的文档内容，降低了工作量，减少了出错的机会。Word 2010 中，选择"开始"选项卡，进入"样式"组，如图 2-27 所示。

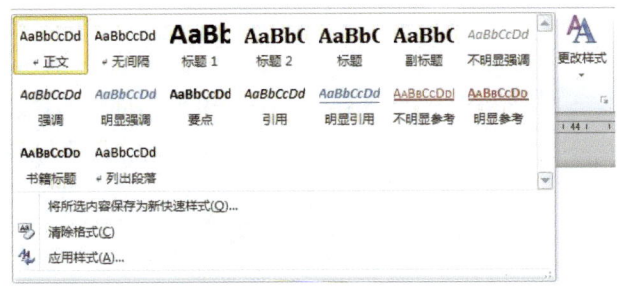

图 2-27　样式设置

- 自动生成目录

笔记是按时间序列排列的，利用目录则可以更有效地定位到所要查看内容的位置。目录可以按时间分类，每个节点里面又会有几个小节，每个小节内还会分为若干条。Word 2010 提供了目录的自动生成功能。通过此功能生成目录，只需点击目录中的某标题，同时按 Ctrl 键，即可跳转到内容所在页。当对文档进行了修改，标题或页码有所变化时，可通过"更新目录"选项完成目录更新。Word 2010 中，选择"引用"选项卡，进入"目录"组进行自动生成目录设置。

查找和替换

Word中的查找功能可以帮助我们快速查找相关的内容信息。在"开始"选项卡中找到"编辑"组，选择"查找"选项，就可以打开"导航"窗格，在"搜索"框中直接输入需要查找的关键字，就可以快速定位到包含该关键字的内容。当需要将文档中所有的某个关键词统一替换为新关键词时，可以在"编辑"组中选择"替换"选项，输入需要替换的关键词，"替换为"对话框中输入替换的新关键词，最后选择全部替换，这样一来，就可以批量替换。

邮件合并

邮件合并是Word的一项高级功能。在处理大量日常报表、信件等数据时经常会出现要编辑处理的多份文档中主要内容都是相同的，只是具体数据有所不同，这种情况下通常使用邮件合并功能处理文档。学会使用邮件合并，可以让我们在处理大量格式相同只修改少数相关内容的文件时减少重复工作，提高办公效率。

毕业论文撰写

毕业论文是对大学生所学知识、理论、技能掌握程度的一次总测试，每个大学生都必须完成毕业论文。毕业论文大多采用Word撰写，熟练掌握Word的使用技巧，不但可以提高撰写论文的效率，还能提高论文的整体排版质量。

实践任务

编辑一篇文档，使其格式整洁、美观。

2.2.2 快速处理数据图表——数据处理软件

随着数据量的快速增长，数据处理变得越来越重要。数据处理软件具有强大的数据处理功能，可以对各种数据资料进行加工和处理，因而在工作生活中具有十分广泛的应用：在教学领域，可用图表功能制作数学函数动态图形（如折线图、柱状图、饼图等），用公式或函数进行数值计算（如对学习成绩进行统计分析）；在人事管理中，可用数据处理软件管理所有职工资料，处理公司人事调动和绩效考核等重要事务；在生产领域，利用数据处理软件可了解生产整体进度，随时调整计划并做好人员配备工作。

数据处理软件的基本功能

借助计算机数据处理软件，使办公更加方便快捷，从而有效实现办公自动化。数据处理主要包括数据的采集、存储、加工、排序和检索发布等流程。应用数据处理软件可以实现表格设计，更加方便地处理数据。Microsoft Office Excel 是一款应用极为广泛的电子表格处理软件，下面以 Excel 2010 为例介绍。Excel 2010 的操作界面如图 2-28 所示。

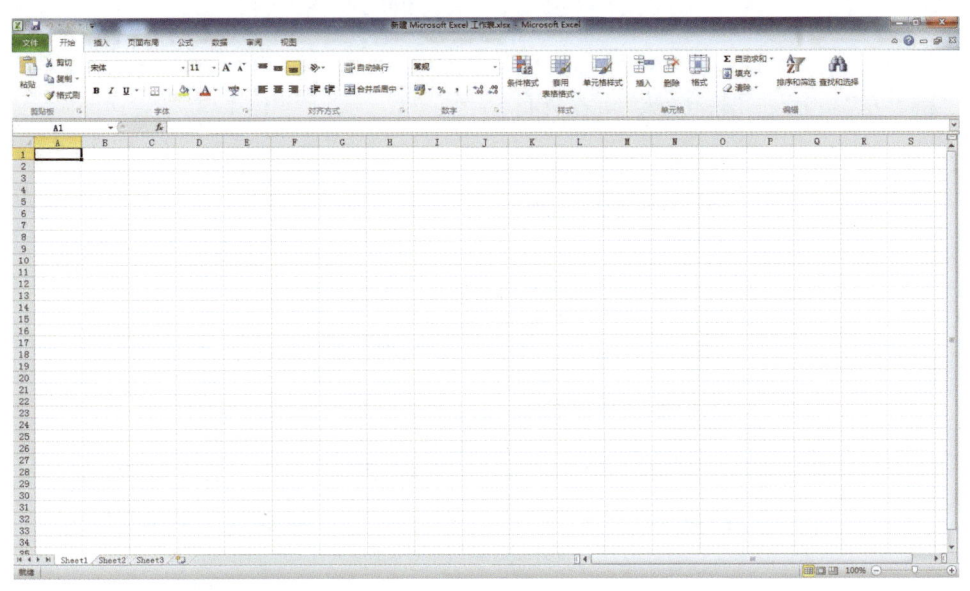

图 2-28　Excel 2010 操作界面

Excel 文件的后缀名为 .xls、.xlsx。它是第一款允许用户自定义设置界面的数据处理软件（包括字体、文字属性和单元格格式）。它还引入了"智能重算"的功能，当单元格数据变动时，只有与之相关的数据才会更新，而之前的软件只能重算全部数据或者等待下一个指令。同时，Excel 还有强大的图形功能。

数据处理软件的实际应用

自动数据填充

在实际应用中，有些数据是存在一些规律的，比如数值相同，成等差、等比序列，成时间日期序列等。Excel 有自动填充功能，可以自动填充一些有规律的数据。例如，我们想要填充相同数据，只需拖动填充柄，则在拖动后的相应单元格中就会填充相同数据。如果想要填充等差数列，则需要在起始单元格输入序列的初始值，再选定相邻的单元格输入序列的第二个数值（这两个单元格中数值的差额将决定该序列的增长步长），然后选定包含初始值和第二个数值的单元格，用鼠标拖动填充柄经过待填充区域即可。从上向下或从左向右拖动得到升序序列，反之得到降序序列。

数据有效性

数据有效性是对单元格或单元格区域输入的数据从内容到数量上的限制。对于符合条件的数据，允许输入；对于不符合条件的数据，则禁止输入。这样就可以依靠系统检查数据的正确有效性，避免错误的数据录入。以 Excel 2010 来说，选择"数据"选项卡下"数据工具"组中的"数据有效性"按钮，即可设定相应的规则，限定输入的范围。例如，先选定一些单元格，打开"数据有效性"对话框（如图 2-29 所示），选择"序列"选项，输入"男,女"（注意","为英文格式下），则在这些区域内只能选择"男"或"女"，从而保证数据的有效性。

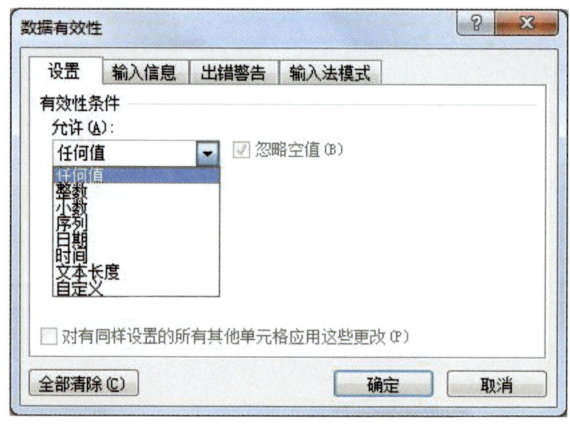

图 2-29 数据有效性

公式与函数

Excel 的公式可以实现数据处理的自动化。公式引用的单元格的数据发生修改，公式的计算结果会自动更新。公式运用运算符执行各种数据计算，运算符主要有算术运算符、比较运算符、文本运算符和引用运算符。

- 算术运算符

主要有＋（加号）、－（减号或负号）、*（星号或乘号）、/（除号）、%（百分号）、^（乘方）。完成基本的数学运算后返回值为数值。

- 比较运算符

主要有＝（等号）、＞（大于）、＜（小于）、＞＝（大于等于）、＜＝（小于等于）、＜＞（不等于）。数值比较后返回逻辑值 TRUE 或 FALSE。例如，在单元格中输入"=3<2"，结果为 FALSE。

- 文本运算符

文本运算符 & 用来连接一个或多个文本数据以产生组合的文本。例如，在 A1 单元格中输入"人工"，在 B1 单元格中输入"智能"，在 C1 单元格输入"=A1&B1"

将产生"人工智能"的结果。

- 引用运算符

引用运算符有三种，分别是单元格引用运算符":"（冒号）、联合运算符","（逗号）和交叉运算符" "（空格）。引用运算符主要用于引用不同的单元格区域。在输入公式时，我们可以使用单元格区域来代替其中的具体数值。

Excel 中的函数也可以看作是预先建立好的公式，它拥有固定的计算顺序、结构和参数类型，用户只需指定函数参数，即可按照固定的计算顺序计算并显示结果。较为常用的函数有 SUM（求和）、AVERAGE（求平均）、MAX（求最大值）等。Excel 中的函数非常多，以 Excel 2010 为例，其函数可分为财务函数、逻辑函数、文本函数、日期和时间函数、查找与引用函数、数学和三角函数、其他函数等十几个大类，如图 2-30 所示，这些函数大部分简单易懂，能帮助我们更高效地处理、统计数据。

图 2-30　Excel 2010 中的函数

排序筛选

在实际应用中，我们经常遇到需要排序的问题。例如，通过以学号为序列的学生名单统计的成绩表，很难看出成绩排名，通过对成绩排序，学生的成绩排名情况一目了然。

Excel 中的数值排序有升序（从小到大排序）、降序（从大到小排序）和自定义序列三种。自定义排序中可选择按多个关键字排序，排序时先按数据中的主要关键字排序，主要关键字的值相同时，再按次要关键字来排序。

筛选是根据给定的条件，从数据中找出并显示满足条件的记录。不满足条件的记录被隐藏，在取消筛选后隐藏数据可恢复。与排序不同，筛选并不重排数据列表，只是暂时隐藏不必显示的内容。

可视化图表

相对于枯燥的数据，一张直观的图表更能吸引大家的注意。图表是工作表单元格中数据的图形化表示，显示数据及数据之间的关系。图表使数据信息变得一目了然，能更加详细地表示数据的大小、变化、走向、趋势及数据间的差异等，更加方便我们进行数据的比较和分析。比如，如果我们有一天中每小时的天气温度数据，通过 Excel 绘制成折线图，能非常直观地看出一天中天气的变化趋势。

实践任务

请你整理一周的日常支出，运用公式和函数，计算总支出，并分析这一周的消费情况。

2.2.3 制作美观的幻灯片——演示文稿

演示文稿的应用非常广泛，除了应用于我们熟知的教育教学领域以外，还应用于产品宣传、市场营销、设计研发、企业培训、新闻报道、会议发布等工作中。演示文稿集文本、图片、图标、图表、动画等多元素为一体，以视觉化、形象化、可展示性及易操作性等优势，成功满足了不同行业的各种演示需求。

演示文稿的基本功能

在学习生活中，演示文稿可用于班会、演讲、节目背景、总结汇报等方面。其中，微软公司开发的 Microsoft Office PowerPoint（PPT）简单易学、应用广泛。我们可以在投影仪或者计算机上演示 PPT，也可以将 PPT 打印出来，或者打包成 CD，以便应用到更广泛的领域中。下面以 PowerPoint 2010 为例介绍，PowerPoint 2010 的操作界面如图 2-31 所示。

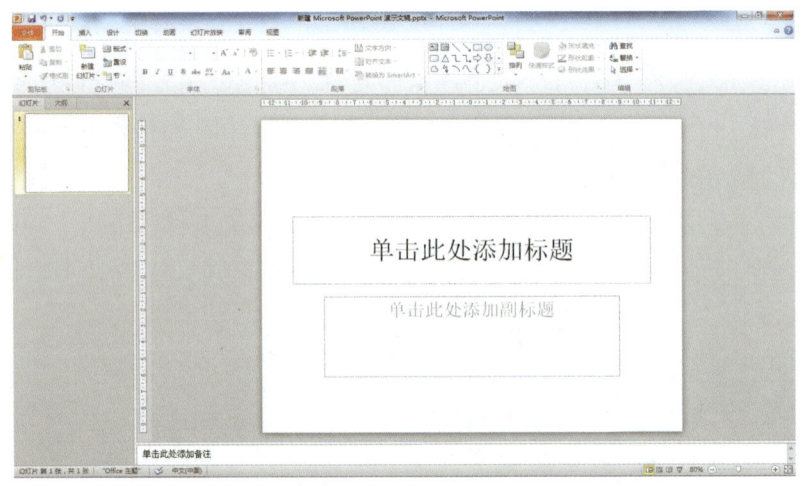

图 2-31　PowerPoint 2010 操作界面

PPT 文件的后缀名为：.ppt、.pptx。一套完整的 PPT 文件一般包含片头、动画、封面、前言、目录、过渡页、图表页、图片页、文字页、封底、片尾动画等；所采用的素材有文字、图片、图表、动画、音频、视频等。PPT 拥有灵活、丰富的表现方式，可以将内容制作成一个个的单页，而且可以插入音频、视频等进行播放，也可以添加链接，调用其他幻灯片或电脑上的其他文件进行播放展示。PPT 通过上面的操作就可以把比较呆板的内容变得更加生动形象。除此之外，PPT 还可以添加非常多的动画效果，从而达到非常炫酷的效果。

演示文稿的实际应用

动画效果

在 PPT 中，为了起到突出重点、引起观众注意的作用，在播放演示文稿时，我们可以为幻灯片中的文本、图像和其他对象预设动画效果，如设置图片从左侧飞入同时发出声音等。动画效果有四类：进入、强调、退出、动作路径，如图 2-32 所示。每类动画效果中又包含多种不同的效果，丰富了用户的选择。

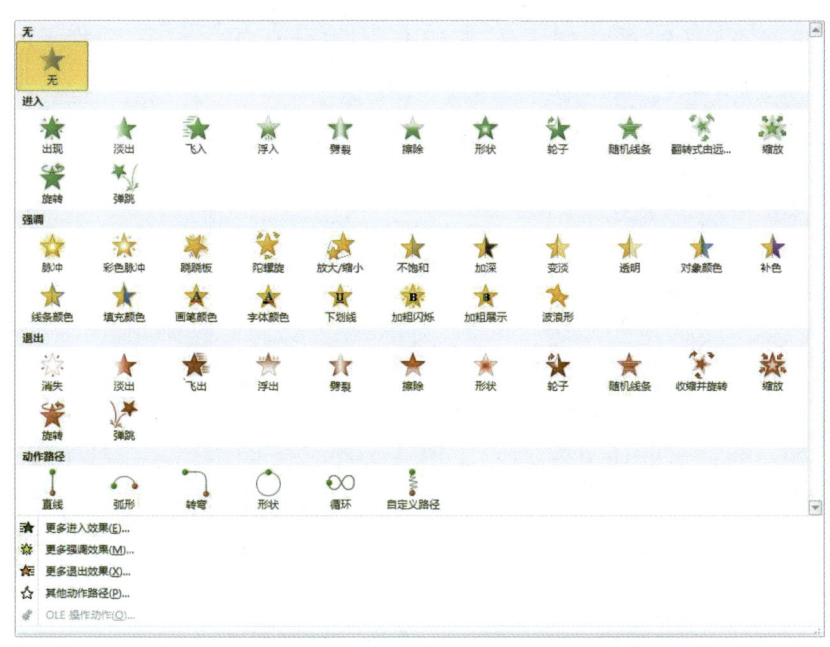

图 2-32　动画效果

幻灯片切换效果

除了可以在每页幻灯片中设置动画效果以外，还可以在切换幻灯片的过程中设置相应的效果。幻灯片的切换效果是指幻灯片播放过程中离开或进入幻灯片时所产生的视觉效果。幻灯片的切换效果不仅使幻灯片的过渡衔接更为自然，而且能进一步吸引观众的注意力。切换效果也有很多种类型，如图 2-33 所示，用户可根据实际情况进行搭配使用。

图 2-33 切换效果

实践任务

总结自学习这门课以来的收获和存在的问题,制作 PPT,设置动画效果和切换效果。

2.2.4 清晰记录表达思想——思维导图

思维导图是英国著名学者东尼·博赞(Tony Buzan)在 19 世纪 70 年代初期创立的一种新型笔记方法,它以放射性思考为基础,是一个简单、高效、放射性、形象化的思维工具,能够全面调动左脑的逻辑、顺序、条例、文字、数字以及右脑的图像、想象、颜色、空间、整体思维功能,使大脑潜能得到最充分的开发,从而极大地激发人们的创造性思维能力。思维导图示例如图 2-34 所示。

图 2-34 思维导图

思维导图以图文并重的形式,把各级主题的关系用相互隶属与相关的层级关系表现出来,把主题关键词与图像、颜色等建立记忆链接,充分运用左、右脑的机能,利用记忆、阅读、思维的规律,协助人们在科学与艺术、逻辑与想象之间平衡发展,从而开启人类大脑的无限潜能。因此,思维导图具有促进人类思维的强大功能。

思维导图的特征

东尼·博赞认为思维导图有四个基本的特征:一是注意的焦点清晰地集中在中央图形上;二是主题的主干作为分支从中央向四周放射;三是分支由一个关键的图形或者写在产生联想的线条上面的关键词构成,比较不重要的话题也以分支形式表现出来,附在较高层次的分支上;四是各分支形成一个连接的节点结构,因此思维导图在表现形式上是树状结构。

思维导图就是抓住事物的关键,通过联想和想象找到与事物的联系,用图像和色彩把这一过程放射性地画出来。思维导图的关键就是关键词、连线、图像和色彩。

思维导图的作用

思维导图能够直观地、有层次地显示出篇章的组织结构、连接方式,以及一些重要的观点和事实证据,便于人们理解与表达。在学习中,我们通常利用思维导图做以下事情。

归纳与总结学习资料

在收集学习资料的过程中,可以将杂乱的学习资料按类别有条理地置放于思维导图的各要点之下,这样既可以透过现象看本质,又可以注意到要点理据的强弱分布,甚至可以推导出别人没有触及的关键点。

组织思维,进行口语或书面表达

思维导图通过"主题—各话题句—各支撑性细节"等的树形或卫星型结构将所要表达的内容清晰而简洁地体现出来,是口语及书面表达最理想的一种准备方式。

与头脑风暴结合使用

头脑风暴能够加强认识问题的广度和深度,思维导图则可以将头脑风暴的思维结果完美地组织在一起。

 **思考与讨论**

在大学生活中,如何运用思维导图,提高你的学习生活效率?

常见的思维导图软件

百度脑图

百度脑图是一款在线思维导图编辑器，在浏览器上直接操作即可，支持 XMind、FreeMind 文件导入和导出，也能导出 PNG、SVG 图像文件，具备分享功能，编辑后可在线分享给其他人浏览。

亿图图示

亿图图示是一款基于矢量的绘图工具，包含大量的事例库和模板库，可以很方便地绘制各种专业的业务流程图、组织结构图、商业图表、程序流程图、数据流程图、工程管理图、软件设计图、网络拓扑图等。

XMind

XMind 是一款非常实用的商业思维导图软件，不仅可以绘制思维导图，还能绘制鱼骨图、二维图、树形图、逻辑图等。

实践任务

根据本模块的内容，制作思维导图。

模块检测

1. 世界上第一台电子计算机叫什么？
2. 计算机的主要性能指标有哪些？
3. 什么是系统软件？什么是应用软件？请各举例说明。
4. 简单说说目前几种主流的操作系统。
5. 如果让你草拟一个以"网络安全"为主题的活动方案，你打算用本模块学习到的哪种软件？为什么？
6. 网络安全的重要性有哪些？
7. 找一篇 Word 文档，使用样式功能进行排版，为文章设置多级标题，并生成目录。
8. 利用 Excel 中公式和函数的功能，能帮你完成什么工作？
9. 结合动画效果和切换效果，以"人工智能"为主题制作 PPT。
10. 思考一下，作为大学生，如何预防电脑病毒？

模块 3

智能时代的基石：
新一代信息技术

模块学习导读

以第五代移动通信技术（5G）、物联网、云计算、大数据、虚拟现实和区块链为代表的新一代信息技术蓬勃发展，给我们的生活带来了巨大变革。5G时代我们的生活设施将发生革命性变化；物联网的发展目标是实现物物相连，应用创新是物联网发展的核心；云计算提供的服务如同水电一样让我们唾手可得，它在整合和优化各种资源的基础上通过网络低成本为用户提供服务；大数据侧重对海量数据的存储、处理、分析，发现价值，服务生活；虚拟现实技术作为一种仿真技术，用户可以在虚拟现实世界体验最真实的感受；区块链作为构造信任的机器，将彻底改变整个人类社会价值传递的方式。

本模块主要介绍5G、物联网、云计算、大数据、虚拟现实、区块链的基本概念、基础知识。通过本模块的学习，了解新一代信息技术的原理及应用，为后续模块的学习打好基础。

模块学习目标

知识目标

1. 了解5G技术的概念；
2. 了解物联网的基本概念与系统架构；
3. 了解云计算的基本概念；
4. 了解大数据的基本概念与数据挖掘技术；
5. 了解虚拟现实技术的相关概念与技术特性；
6. 了解区块链的基本概念与应用。

能力目标

1. 能完成物联网的模型认知；
2. 能根据需求选择云计算平台；
3. 能运用虚拟现实技术对生活中的相关应用进行分析；
4. 能运用区块链技术对生活中的相关应用进行分析。

3.1 从互联网到移动互联网

3.1.1 互联网时代：从阿帕网到互联网

互联网，又称网际网路，音译为因特网、英特网，是网络与网络之间所串联成的庞大网络，这些网络以一组通用的协议相联，形成逻辑上的单一且巨大的全球化网络。在这个网络中有交换机、路由器等网络设备、各种不同的连接链路，种类繁多的服务器和数不尽的计算机、终端。使用互联网可以将信息瞬间发送到千里之外，它是信息社会的基础。

互联网始于1969年美国的阿帕网，以现在的水平论，这个最早的网络显得非常原始，传输速度也慢得让人难以接受。但是，阿帕网的四个节点及其链接，已经具备网络的基本形态和功能。阿帕网问世之际，大部分计算机还互不兼容。于是，如何使硬件和软件都不同的计算机实现真正的互联，是人们力图解决的难题。

1989年，蒂姆·伯纳斯·李（Tim Berners-Lee）和其他在欧洲粒子物理实验室的人，提出了一个分类互联网信息的协议。这个协议在1991年后称为WWW（World Wide Web），是一个由许多互相链接的超文本组成的系统，通过互联网访问。在这个系统中，每个有用的事物称为"资源"，并且由一个全局"统一资源标识符"标识，这些资源通过超文本传输协议传送给用户，用户可以通过点击链接来获取。

由于最开始互联网是由政府部门投资建设的，当时只是限于研究部门、学校和政府部门使用，直接服务于研究部门和学校的商业应用，其他的商业行为是不允许使用互联网的。20世纪90年代初，独立的商业网络开始发展起来，这种局面才被打破，从一个商业站点发送信息到另一个商业站点而不经过政府资助的网络中枢成为可能。

1994年，中国第一个全国性TCP/IP互联网工程建成，标志着中国进入互联网时代。直到1999年前后，随着门户网站的出现和计算机的逐渐普及，我国正式进入民用互联网时代。

数字经济既包括软件、网络、终端，又包括各行业领域的数字化、网络化、智能化应用、服务。无论从哪一个角度看，互联网都是数字经济中最具活力的元素。目前，我国是世界第一的互联网大国，截至2019年2月，我国光纤网络用户3.8亿，4G网络用户11.89亿，移动互联网用户12.7亿，在智能手机出货量前五大公司占三席。2018年1—9月，我国移动支付规模150万亿元，创新模式上也开始独具特色。这些都为数字经济的全领域创新构筑了强大的产业基础，准备了创新的人才团队。受益于人口红利和网络、终端等方面优势，在全球市值最高的15家互联网公司中我国互联网企业占 5 家（2018 年 5 月 29 日数据），在全球十大独角兽企业中我国互联网企业占一半。

思考与讨论

你最早接触到互联网是在什么时候，通过互联网主要做了哪些活动？

3.1.2 移动互联网时代：掌上互联

移动互联网是将移动通信和互联网结合起来，是互联网的技术、平台、商业模式和应用与移动通信技术结合并实践的活动的总称。2011 年之前，用户接入互联网的主要途径是电脑（台式机和笔记本），称之为 PC（Personal Computer）互联网时代或传统互联网时代。到 2011 年，通过智能手机上网的用户比例达到了 69.3%。2012 年以 74.5% 的比例超过了使用电脑上网的 70.6%，宣告移动互联网时代来临。

无论是移动互联网时代还是 PC 互联网时代，人的根本需求没有变化，PC 端使用的通信社交工具、购物工具、搜索工具，移动端的用户同样使用。但移动端和 PC 端又确实有一些不同。

相比 PC 互联网，移动互联网有三大优势：

第一，接入迅速。台式机或笔记本接入互联网，从用户开机到打开浏览器，需要几十秒，设备配置低的，需要的时间更长。而使用智能终端接入互联网，只需几秒，比 PC 互联网接入速度快很多。

第二，随时随地使用。PC 互联网需要在有电脑、有网络的地方才能上网。移动端接入网络的地域范围扩大，在有网络的地方都可以上网，在餐桌上、路上、火车上随时都可以。

第三，移动智能终端集成了 PC 没有的功能，如拍照、通话、定位等。在 PC 端使用拍照、通话、定位功能需另外购置相关设备，但这些功能被智能终端自然集成。

移动互联网的便捷易接入性、随时随地性、多功能集成性使其得到迅速普及。用户使用移动智能终端的时间高速增长，而对电视、报纸等媒体的投入时间则不断减少。

思考与讨论

日常生活中你每天使用移动互联网和PC互联网的时长各是多少,哪种上网方式给你带来更多的便利?

3.1.3 5G:不只是下一代移动通信网络

随着移动通信技术的快速发展,移动通信网络经历了1G、2G、3G、4G、5G共五个阶段。这里的"G"是"Generation"的简写,表示"代",如5G全称是5th Generation Wireless Systems,即第五代移动通信技术。

1G:群雄逐鹿

20世纪70年代,贝尔实验室突破性地提出了蜂窝网络概念。所谓蜂窝网络,就是将网络划分为若干个相邻的小区,整体形状酷似蜂窝,以实现频率复用,提升系统容量。1G时代作为移动通信开天辟地的时代,群雄逐鹿,山头林立,通信标准也是五花八门。

2G:GSM与CDMA之争

2G时代主要采用数字时分多址(Time Division Multiple Access,TDMA)和码分多址(Code Division Multiple Access,CDMA)两种技术,分别对应全球移动通信(Global System for Mobile Communications,GSM)和CDMA系统,这两种系统之争是一场以欧洲和美国为代表的两大利益集团之间的竞争。进入2G时代,欧洲不甘落后于美国,考虑到欧盟内各国家太小,单打独斗难以与美国抗衡,于是吸取了1G时代各自为政的教训,联合起来开发了GSM系统,并快速形成规模向全球推广,在2G时代占据了主导优势。

通用分组无线服务技术(General Packet Radio Service,GPRS)是GSM移动电话用户可用的一种移动数据业务。GPRS可说是GSM的延续,它的最大速率为50 Kbps。从2G网络转变到3G网络之前,还有临时标准2.5G和2.75G,数据传输比2G快一些。

3G:鼎足三分

3G与2G的主要区别在于3G支持高速的数据传输。3G技术可实现全球漫游的图片、音乐、视频等多媒体信息服务，包括通过手机实现浏览网站、电话会议和电子商务等。3G时代形成了欧、美、中三足鼎立的格局，欧洲阵营的宽带码分多址（Wideband Code Division Multiple Access，WCDMA）、北美阵营的CDMA2000和中国的时分－同步码分多址（Time Division-Synchronous Code Division Multiple Access，TD-SCDMA）。1998年6月29日，中国原邮电部电信科学技术研究院（现大唐电信科技股份有限公司）以信威通信的同步码分多址（SCDMA）技术为基础，向国际电信联盟提出了TD-SCDMA，顺利通过并成为国际移动电话系统IMT-2000 3G的一个标准。

3G时代，中国移动采用的是TD-SCDMA，中国联通采用的是WCDMA，中国电信采用的是CDMA2000。

4G：一统江湖

4G集3G与WLAN于一体，能够传输高质量视频图像，并能以100Mbps的速度下载。4G网络中，所有语音通话通过数字转换，以VoIP形式进行，因此在4G网络下进行通话，可以依靠有线或无线网络，而不一定需要移动信号覆盖。4G是分时长期演进（Time Division Long Term Evolution，TD-LTE）网络。

LTE是基于正交频分多址（OFDMA）技术、由第三代合作伙伴计划（3GPP）组织制定的全球通用标准，包括时分双工（TDD）和频分双工（FDD）两种模式。LTE-TDD，即TD-LTE，是TDD版本的LTE的技术。FDD-LTE的技术是FDD版本的LTE技术。经历了无数波折，LTE标准终于在4G时代一统江湖。

2013年12月，工信部向中国移动、中国联通和中国电信颁发了"LTE/第四代数字蜂窝移动通信业务（TD-LTE）"经营许可，也就是4G牌照。

5G：万物互联

5G网络的性能目标是高数据速率、低延迟、低能耗、低成本及高系统容量和大规模设备连接。

5G峰值理论传输速度可达每8秒1GB，比4G网络的传输速度快数百倍。举例来说，一部1G的电影可在8秒之内完成下载。5G网络将使终端用户始终处于联网状态，5G网络将来支持的设备远远不止智能手机，还会支持智能手表、健身腕带、智能家庭设备等。

4G改变生活，5G改变社会。5G有更短的时延、更高的速率、更好的体验，更加深刻地影响和改变各行各业，包括社会运营和社会管理。5G的发展能够真正地实现信息化与工业化的深度融合，特别是移动信息化与各行业的深度融合。

华为公司自2009年起着手5G研究，已累计投入20亿美金用于5G技术与产品研发，已具备从芯片、产品到系统组网的 5G 能力，是全球唯一能够提供端到端 5G 商用解决方案的通信企业。

截至 2019 年上半年，华为共向 3GPP 提交 5G 标准提案 18000 多篇，标准提案通过量高居全球首位；向欧洲电信标准化协会（ESTI）声明 5G 基本专利 2570 族，持续排名业界第一；主导的极化码、上下行解耦、大规模天线和新型网络架构等关键技术已成为 5G 国际标准的重要组成部分。同时，华为已实现全系列业界领先自研芯片的规模商用，包括全球首款 5G 基站芯片组天罡、5G 终端基带芯片巴龙以及终端处理器芯片麒麟 980。

在全球 5G 的商用步伐上，华为公司也已位居前列。早在 2018 年 2 月世界移动通信大会期间，华为就已完成全球首个 5G 通话，并推出了全球首个 5G 终端。截至 2019 年 7 月 30 日，华为已在全球 30 个国家获得了 50 个 5G 商用合同，5G 基站发货量超过 15 万个，5G 商用居全球首位。

2019 年 3 月 30 日，首个行政区域 5G 网络在上海建成并开始试用。

5G 带来的变革

5G 时代最直观的改变当属网络数据的上传和下载速度明显提高。据实验表明，5G 网络的网速峰值可达 20 Gbps，是 4G 时代的 70～80 倍！数据传输速度的大幅提升将为我们的生产生活带来很多新的体验和变化。

文化商贸新体验。5G 可以给文化娱乐产业、商业带来新的体验和价值。现行技术条件下，VR 的数据传输问题难以解决，而 5G 技术提供了更大的网络带宽以及更快的信息传递速度，为 VR 技术发展扫清了障碍。借助 VR 技术，我们足不出户就可以感受世界各地的风光。旅游景点也可以借助 VR 技术进行宣传，让游客提前了解景区的著名景点，提前规划好行程。对于地产行业，客户体验不再局限于售楼部，可以通过 VR 看房，提升了效率，也拓宽了销售渠道。

教育培训更生动。5G 可实现万人同步在线学习。5G 时代的直播课程将更加高清，可接入的移动端数量将更多，网络时延也更低，师生互动就会更加顺畅。偏远山区的孩子可以通过网络学习优质课程，在一定程度上解决了教育资源分配不公的问题。

5G 可提供还原场景的 VR 教育，可以通过 VR 模拟一些高成本或危险系数高的场景，例如驾驶模拟、器械操作等。

交通出行更顺意。5G 网络可提升车联网数据采集的及时性。5G 网络具有超低时延的优势，可以保障人、车、路实时信息沟通，避免行车过程中人车碰撞和车车碰撞，在行车过程中可以实时采集路况，避免堵车，消除人为驾驶的诸多风险。

智慧医疗开启新篇章。在 5G 网络下，可提高移动查房、移动护理的效率，医生可以随时进行电子病历的输入、查询和修改，也可随时翻阅 X 光片等较大的医疗文件。医生还可以进行远程医疗，降低各地区医疗资源的差距，远程医疗依赖于稳定、低时延的网络，例如，心脏除颤每推迟 1 分钟，存活率会降低 7%~10%。5G 提供的低时延、超高可靠性正好满足了这方面需求。

工业自动化与智慧农业效率更高。5G 网络会助推人工智能技术发展，工业机器人随之进步，另外，5G 网络低时延、大连接、高速率的特点可以满足工业制造过程中对精度和强度的要求，人对机器人的操控会更加灵敏，使工厂实现自动化。

当今社会农业产业体系已经发生了很大的变化，采用传统方式耕田的人越来越少，农业机械化程度越来越高，5G 的发展为农业带来更多的便利。比如，利用无人机喷洒农药，速度快、范围广、精确度高；还可以利用无人机进行作物监控，无人机可以检测作物的生长状态、植被覆盖程度、作物病虫害等，自动生成作物的健康报告。

无人驾驶：无人驾驶汽车是通过车载传感系统感知道路环境，自动规划行车路线并控制车辆到达预定目标的智能汽车。它是利用车载传感器来感知车辆周围环境，并根据感知所获得的道路、车辆位置和障碍物信息，控制车辆的转向和速度，从而使车辆能够安全、可靠地在道路上行驶。高精地图需要实时更新，通过传感器、摄像头采集到的信息经过通信手段与云端做交互，能使得地图更加智能。基于智能地图信息的路径规划，通行效率更高。

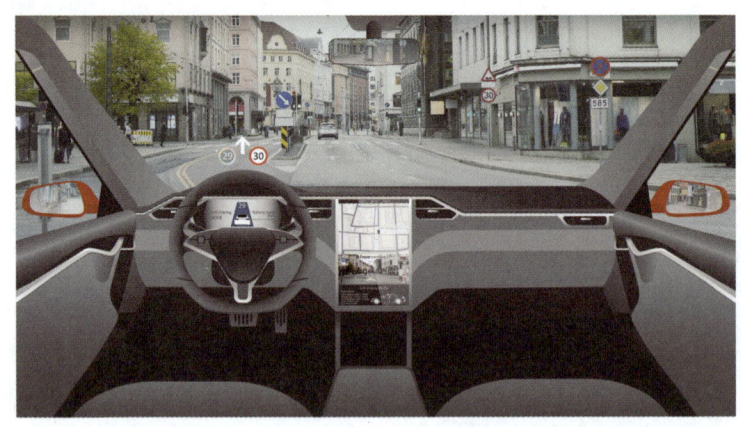

图 3-1　无人驾驶

思考与讨论

设想一下 5G 时代还会出现哪些不同于 4G 网络的应用场景？

3.2 万物互联：物联网

3.2.1 "物"处不在：什么是物联网

物联网概念

物联网（Internet of Things，IoT）即"万物相联的互联网"，是在互联网基础上将各种信息传感设备与互联网结合起来延伸和扩展形成的巨大网络，实现在任何时间、任何地点，人、机、物的互联互通，如图3-2所示。

图 3-2 物联网

物联网从字面上理解就是物与物相联。互联网是把计算机或手机进行联网，达到信息共享的目的，而物与物相联覆盖面更广，信息互联后所产生的影响更大。例如，家里的电灯联网后，手机就可以与电灯进行信息交换，对电灯进行控制和获取电灯的状态。在日常生活中，越来越多的物品实现了互联，如智能音箱、智能扫地机、空气净化器等等，这些设备的出现极大地方便了我们的生活。

物联网前端设备一般为无线网，为了区分不同的设备，每个设备都应用电子标签将真实的物体上网，通过标签可以查出它们的具体位置。物联网用中心计算机对机器、设备、人员进行集中管理、控制，对家庭设备、汽车进行遥控，以及搜索物品位置、防止物品被盗等，类似自动化操控系统。同时中心计算机可以收集这些设备的数据，聚集成大数据，分析优化后重新设计路线以减少车祸、提高运力及效率。此外，物联网的发展还可以带来都市更新、灾害预测、犯罪防治与流行病控制等重大的社会改变。

物联网的发展

物联网的实践最早可以追溯到1990年施乐公司的网络可乐贩售机——Networked Coke Machine。

1999年，在美国召开的移动计算和网络国际会议提出了"传感网是下一个世纪人类面临的又一个发展机遇"。会议上提出"物联网"这个概念，即在互联网的基础上，利用射频识别技术、无线数据通信技术等，构造一个实现全球物品信息实时共享的实物互联网"Internet of Things"。

2005年11月17日，在突尼斯举行的信息社会世界峰会上，国际电信联盟（ITU）发布了《ITU互联网报告2005：物联网》，引用了"物联网"的概念。

2009年1月28日，IBM首席执行官彭明盛首次提出"智慧地球"的概念，建议美国政府投资新一代的智慧型基础设施。当年，美国将新能源和物联网列为振兴经济的两大重点。

"物联网"这个概念在中国刚提出来的时候叫传感网。中科院早在1999年就启动了传感网的研究和开发。

2009年8月，温家宝总理在视察中科院无锡物联网产业研究所时，对于物联网应用也提出了一些看法和要求。自温家宝总理提出"感知中国"以来，物联网被正式列为国家五大新兴战略性产业之一，写入政府工作报告，物联网在中国受到了全社会的极大关注。

2009年，无锡启动了示范园区建设，占地200余亩，分为室内和室外两部分。室内包括智能家居、智能学习、智能建筑、导游导航等八项；室外包括湿地保护、物流、智能交通、智能车场等七项。物联网整体市场年复合增长率超过30%，市场前景将远远超过计算机、互联网、移动通信等。

2013年1月，住房和城乡建设部公布了首批90个国家智慧城市试点名单，国家发展银行提供800亿贷款用于智慧城市建设。

现阶段，随着物联网的应用与发展，大量连接入网的设备状态被感知，产生海量数据，形成了物联网大数据。传感器、计量器等器件进一步智能化，多样化的数据被感知和采集，汇集到云平台进行存储、分析和分类处理。初始人工智能已经实现，对物联网产生数据的智能分析和物联网行业应用及服务将体现出核心价值。

组成架构

物联网从架构上可以分为感知层、网络层和应用层,如图 3-3 所示。

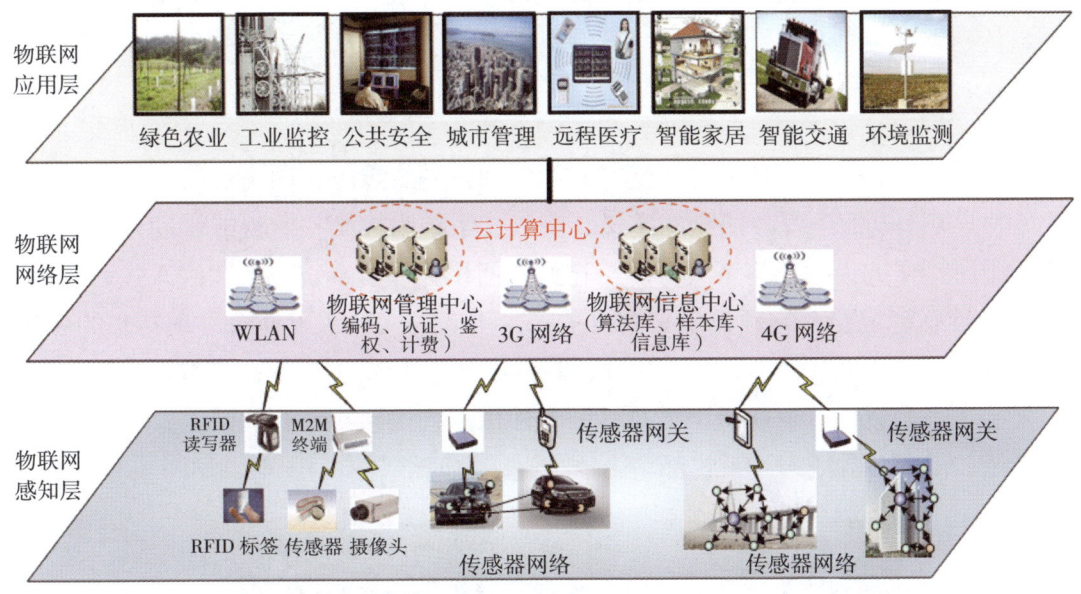

图 3-3 物联网三层架构

◎ 感知层:负责信息采集和物物之间的信息传输。采集信息的技术包括传感器、二维码、射频技术、音视频多媒体信息等,信息传输的技术包括远近距离数据传输技术、自组织组网技术、协同信息处理技术、信息采集中间件技术等。感知层是实现物联网全面感知的核心。

◎ 网络层:利用无线和有线网络对采集的数据进行编码、认证和传输。广泛覆盖的移动通信网络是实现物联网的基础设施。网络层是物联网三层架构中标准化程度最高、产业化能力最强也最成熟的部分。

◎ 应用层:提供丰富的基于物联网的应用。应用层将物联网技术与行业信息化需求相结合,提供广泛智能化应用的解决方案。

 **思考与讨论**

日常生活中哪些是物联网?它们给我们带来了哪些便利?

3.2.2 有感而发：感知世界

物联网完成信息的采集、转换和收集，主要依靠嵌入式系统技术、传感器技术、射频识别（Radio Frequency Identification，RFID）技术等完成。嵌入式系统进行数据处理，传感器感知数据，RFID 进行身份识别。

嵌入式系统

嵌入式系统是一种"完全嵌入受控器件内部，为特定应用而设计的专用计算机系统"，根据英国电气工程师协会的定义，嵌入式系统为控制、监视或辅助设备、机器或用于工厂运作的设备。与个人计算机这样的通用计算机系统不同，嵌入式系统通常执行的是带有特定要求的预先定义的任务。由于嵌入式系统只针对一项特殊的任务，设计人员能够对它进行优化，减小尺寸，降低成本。事实上，所有带有数字接口的设备，如手表、微波炉、录像机、汽车等，都使用嵌入式系统，有些嵌入式系统还包含操作系统，但大多数嵌入式系统都是由单个程序实现整个控制逻辑，如图 3-4 所示。

图 3-4 嵌入式设备

嵌入式系统具有系统内核小、专用性强、系统精简、实时性高的特点。物联网对嵌入式系统的要求：要协助满足物联网三要素，即信息采集、信息传递、信息处理；要满足智慧地球提出的"3I"，即仪器化（Instrumented）、互联化（Interconnected）、智能化（Intelligent）；要满足信息融合物理系统 GPS 中的"3C"，即计算（Computation）、通信（Communication）和控制（Control）。

嵌入式系统技术应用领域包括工业控制、交通管理、信息家电、家庭智能管理系统等。

传感器技术

传感器就是把环境数据转化为嵌入式系统可以识别的电信号，也就是说它是能感受规定的被测量并按照一定的规律转换成可用输出信号的器件和装置，通常由敏感元件和转换元件组成。它是测量技术、半导体技术、计算机技术、信息处理技术、微电子学、光学、声学、精密机械、仿生学和材料学等众多学科相互交叉，综合性和高新技术密集型的前沿技术之一，是现代新技术革命和信息社会的重要基础，是自动检测和自动控制技术不可缺少的重要组成部分。

日常生活中常见的传感器有温度传感器、湿度传感器、光照传感器、人体红外传感器、烟雾传感器、火焰传感器等。例如，楼道里的声控灯，用到了光照传感器和声音传感器，光照传感器用来感知白天和黑夜，声音传感器用来感知是否有人说话。

传感器根据应用原理分为物理传感器和化学传感器、生物量传感器。

物理传感器能感知的量有力学量、热学量、光学量、磁学量、电学量、声学量、射线等传感器。

化学传感器能感知的量有离子、气体、湿度等传感器。

生物量传感器能感知的量有血压、脉搏、心音、呼吸、血容量，包括体电图、酶式传感器、免疫血型传感器、微生物传感器、血液电解质传感器等。

思考与讨论

应用于日常生活的传感器有什么特点？

RFID

RFID 主要解决的是身份识别，也就是它是谁的问题。

RFID 技术是一种非接触式的自动识别技术，它通过射频信号自动识别目标对象，可快速地进行物品追踪和数据交换，如图 3-5 所示。

图 3-5　RFID

RFID 的基本模型如图 3-6 所示。电子标签又称为射频标签、应答器。读写器又称为读出装置、扫描器、通信器、阅读器。电子标签与读写器之间通过耦合元件实现射频信号的空间耦合，在耦合通道内，根据时序关系，实现能量的传递、数据的交换。

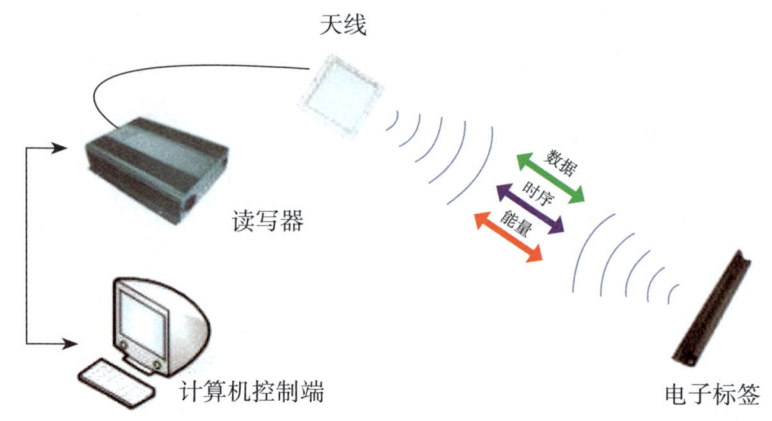

图 3-6　RFID 的基本模型和工作原理

系统的基本工作流程：读写器通过发射天线发送一定频率的射频信号，当电子标签进入发射天线工作区域时产生感应电流，电子标签获得能量被激活；电子标签将自身编码等信息通过卡内置发送天线发送出去；系统接收天线接收到从电子标签发送来的载波信号，经天线调节器传送到读写器，读写器对接收的信号进行解调和解码，然后送到计算机控制端进行相关处理；计算机控制端根据逻辑运算判断该电子标签的合法性，针对不同的设定做出相应的处理和控制，发出指令信号控制执行机构动作。

RFID 按电子标签的工作频率也就是射频识别系统的工作频率，可分为低频、高频、超高频与微波：低频标签的阅读距离一般情况下小于 1m，可用于动物识别、容器识别、工具识别等；高频标签的阅读距离一般情况下也小于 1m（最大读取距离为 1.5m），可用于电子车票、电子身份证等；超高频和微波标签阅读距离一般为 4～7m，最大可达 10m 以上，可用于移动车辆识别、电子身份证、仓储物流应用、电子遥控门锁控制器等。

RFID 按电子标签供电形式可划分为无源系统、有源系统和半有源系统：无源系统没有内装电池，电子标签从阅读器发出的射频能量中提取其工作所需的电源；有源系统是指标签的工作电源完全由内装电池供给，同时标签电池的能量供应也部分地转换为电子标签与阅读器通讯所需的射频能量；半有源系统是指内装电池仅对标签内要求供电维持数据的电路或者标签芯片提供能量。

RFID 按电子标签的可读写划分为只读标签、读写标签和一次写入多次读出标签；只读标签只有只读存储器，信息通常情况下是在制造的过程中由制造商写入到存储器中，可用于产品追溯标签；读写标签除了存储数据外，还具有对标签里的信息进行擦除重写的功能，也就是说可以多次利用，常见于校园卡、停车计费卡等；一次写入多次读出标签是指一次性写入数据后，数据不能改变，用于一次性使用场合，如航空行李标签等。

思考与讨论

日常生活中的RFID应用有哪些？它们分别属于哪种类型，各自有什么特点？

3.2.3 联联看：无线互联

物联网主要采用无线传输的方式来完成信息的采集、转换和收集。无线传感器网络由许多密集分布的传感器节点组成，每个节点的功能都是相同的，它们通过无线通信的方式自适应地组成一个无线网络。传感器节点设有满足不同应用需求的传感器（如温度传感器、湿度传感器、光照度传感器、红外线感应器、位移传感器、压力传感器等），它将自己所采集到的信息，通过多跳中转的方式与数据中心进行通信。

日常生活中，我们常用的无线传输技术有蓝牙、Wi-Fi、红外等，而我们不太熟悉的ZigBee、LoRa、窄带物联网等技术也逐渐为物联网技术开发者所垂青。

蓝牙

蓝牙是一种短距离无线传输技术，一般传输距离在10m左右，最大特色在于能让轻易携带的移动通信设备和电脑在无线状态下联网，并传输资料和讯息，目前普遍应用在智能手机和智慧穿戴设备的连接以及智慧家庭、车用物联网等领域中。

Wi-Fi

Wi-Fi技术与蓝牙技术相似，属于短距离的无线传输技术，传输距离在100m左右。Wi-Fi具有传输速度快、产品成本低的优势，在工作和生活中较为普及。目前，基于Wi-Fi技术的智能家居产品占的市场份额最大。但Wi-Fi技术也有自身的局限性，如安全性差、稳定性弱、功耗大、可连接的设备有限。Wi-Fi网络一般允许接入的设备不会超过16个，而在智能家居的发展中，开关、照明、家电的数量肯定会远远多于16个。

红外

红外通信是以红外线作为载体来传送数据信息。它作为无线通信的一种，与无线电通信相比，性价比高，实现简单，具有抗电磁干扰、空间接入灵活的特点。但红外传输是一种点对点的传输方式，传输时对距离和方向有要求，不能有障碍物也就是没有穿透能力。当需要交换的数据不是很大，且实时性要求又不是很高的情况下，可以使用红外通信方式，比如用于家用电器的遥控器，计算机的遥控键盘和遥控鼠标以及便携式数据收集装置与主机的数据交换等。

ZigBee

ZigBee 技术是一种近距离、低复杂度、低功耗、低速率、低成本的双向无线通信技术，ZigBee 可以工作在 2.4GHz（全球）、868MHz（欧洲）、915MHz（美国）3 个频段上，最高 250Kbit/s，最低 20Kbit/s，传输距离在 10-75m 之间，ZigBee 的安全性是公认的，采用 AES-128 加密方式。另外，ZigBee 网络的自组织网和自愈能力强。目前在国内 ZigBee 技术的主要采用 ISM 频段的 2.4GHz，衍射能力弱，容易受到障碍物的影响，而且容易受到同频段 Wi-Fi 和蓝牙的干扰。但是 ZigBee 的优势在于网络结构，可以一跳一跳的向外衍生，每多一个节点，就相当于有了一个中继器，可以把通信范围扩大一倍。自组网原本的优点能够感知其他节点的存在，并确定连接关系，组成结构化的网络，并且在某一个节点移动后能够自动重新感知，组成网络。ZigBee 支持高达 65000 个节点，比 Wi-Fi 的容量大很多。

LoRa

LoRa 的名字源自"远距离无线电"（Long Range Radio），它是 Semtech 公司创建的低功耗局域网无线标准，最大特点就是在同样的功耗条件下比其他无线方式传播的距离更远，实现了低功耗和远距离的统一，同样的功耗条件下它比传统的无线射频通信距离大 3~5 倍。它的典型工作频率，在美国是 915MHz，在欧洲是 868MHz，在亚洲是 433MHz。

LoRa 具备符合物联网应用的三大特色：一是传播距离远，最远传输距离为 15km；二是功耗低，一颗纽扣电池可以让感测节点运作 1 年；三是成本低，免牌照的频段，基础设施以及节点/终端的低成本让网络建设运维都十分容易。

不管是智慧城市、工商业管理、农林渔牧，都是 LoRa 在物联网环境下的智能应用场域。

NB-IoT

NB-IoT（Narrow Band Internet of Things），即窄带物联网，成为万物互联网络

的一个重要分支。NB-IoT 构建于蜂窝网络，只消耗大约 180kHz 的带宽，可直接部署于 GSM 网络、UMTS 网络或 LTE 网络，以降低部署成本、实现平滑升级。NB-IoT 是 IoT 领域一个新兴的技术，支持低功耗设备在广域网的蜂窝数据连接，也被叫作低功耗广域网（LPWAN）。NB-IoT 支持待机时间长、对网络连接要求较高设备的高效连接。NB-IoT 设备电池寿命至少为 10 年，同时还能提供非常全面的室内蜂窝数据连接覆盖。

物联网中常用三种无线技术对比如表 3-1 所示。

表 3-1　各无线技术对比

项目	NB-IoT	LoRa	ZigBee
组网方式	基于现有蜂窝组网	基于 LoRa 网关	基于 ZigBee 网关
网络部署方式	节点	节点 + 网关	节点 + 网关
传输距离	一般情况下 10km 以上	城市 1～2km，郊区可达 20km	10～100m 级别
单网接入节点容量	约 20 万	理论为约 6 万个，一般为 500～5000 个	理论为 6 万多个，一般为 200～500 个
电池续航	理论约 10 年 /AA 电池	理论约 10 年 /AA 电池	理论约 2 年 /AA 电池
传输速度	理论 160～250kbps	0.3～50kbps	理论 250kbps

思考与讨论

日常生活中物联网设备是如何联网的？它们有什么特点？

3.2.4 物有所值：物联网应用

智能家居

智能家居（Smart Home，Home Automation）是以住宅为平台，利用综合布线技术、网络通信技术、安全防范技术、自动控制技术、音视频技术将家居生活有关的设施集成，构建高效的住宅设施与家庭日程事务的管理系统，提升家居安全性、便利性、舒适性、艺术性，并实现环保节能的居住环境。

图 3-7　智能家居

家居系统主要由智能灯光控制、智能家电控制、智能安防报警、智能娱乐系统、可视对讲系统、远程监控系统、远程医疗监护系统等组成。

照明及设备控制可以通过智能总线开关来控制。智能安防系统主要由各种报警传感器（人体红外、烟感、可燃气体等）及其检测、处理模块组成。

 **拓展视野**

海尔 U-home 智慧家庭整体解决方案

　　海尔 U-home 智慧家庭是基于海尔 U-home 安家平台，从安全、健康、便利、节能的角度，结合智能安全、智能家居、智能家电等产品，通过云平台的综合智能分析，从整体上提供高品质生活的解决方案。

　　海尔 U-Home 智慧商业解决方案通过对大量案例和实体项目的调研分析，在解决方案中加入智慧管理平台，通过和云端市场数据对接，结合城市综合体所面对的不同社群消费者信息采集分析，针对不同商业地产项目，提供不同的智慧综合解决方案。

　　推送功能在手机开发中应用于许多场景，但其中也有许多垃圾信息，会让用户产生排斥心理。海尔 U-Home 智慧管理平台对核心客户的消费行为、行动轨迹进行精准分析，有针对性地建立用户数据库，为不同群体推送其最需要的商业信息。

智慧农业

智慧农业（Intelligent Agriculture）就是将物联网技术运用到传统农业中去，运用传感器和软件通过移动平台或者电脑平台对农业生产进行控制，使传统农业更具有"智慧"。从广泛意义上讲，除了精准感知、控制与决策管理外，智慧农业还包括农业电子商务、食品溯源防伪、农业休闲旅游、农业信息服务等方面的内容。

智慧农业是农业生产的高级阶段，集新兴的互联网、移动互联网、云计算和物联网技术为一体，依托部署在农业生产现场的各种传感节点（环境温湿度、土壤水分、二氧化碳、图像等）和无线通信网络，实现农业生产环境的智能感知、智能预警、智能决策、智能分析、专家在线指导，为农业生产提供精准化种植、可视化管理、智能化决策。

图 3-8　智慧农业

智慧城市

智慧城市（Smart City）起源于传媒领域，是指利用各种信息技术或创新概念，将城市的系统和服务打通、集成，以提升资源运用的效率，优化城市管理和服务，改善市民生活质量。

智慧城市是把新一代信息技术充分运用在城市中各行各业、基于知识社会下一代创新的城市信息化高级形态，实现信息化、工业化与城镇化深度融合，有助于缓解"大城市病"，提高城镇化质量，实现精细化和动态管理，并提升城市管理成效和改善市民生活质量。

图 3-9 智慧城市

工业物联网

工业物联网（Industrial Internet of Things）是将具有感知、监控能力的各类采集、控制传感器或控制器，以及移动通信、智能分析等技术不断融入工业生产过程的各个环节，从而大幅提高制造效率，改善产品质量，降低产品成本和资源消耗，最终将传统工业提升到智能化的新阶段。从应用形式上看，工业物联网的应用具有实时性、自动化、嵌入式（软件）、安全性和信息互通互联性等特点。

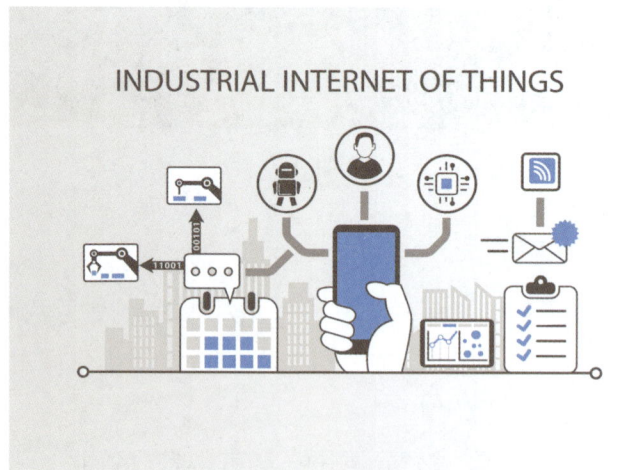

图 3-10 工业物联网

工业物联网是通过通信技术连接起来的设备网络，用来建立监控、收集、交换和分析数据的系统，提供有价值的数据使工业公司能够更快地做出更精准的业务决策。

浪潮 M81 平台具有云端和本地部署多个模式，并推出了一系列基于物联网数据的应用,包括制造工艺与产品质量优化分析、设备监测与预测性维护、全程品质控制与预警、企业经营风险管控和预测、个性化精准服务与营销预测、供应链与供应商优化、用户行为分析与微服务推送等。

目前,浪潮已为山能集团、中国储备粮管理集团、蒙能集团等几十家企业提供了包含智能设备接入、设备监测、资产管理、质量工艺改进、工业企业运行数据监测等服务内容的工业互联网解决方案,帮助企业打造智能化管理。

 **拓展视野**

物联网安全

物联网安全的定义为物联网中保护连接设备和网络的技术领域。简单地说,物联网安全是指为加强物联网设备的安全性和降低其易感性而采取的预防措施。

物联网用户容易受到网络攻击,而且还可能面临身份被盗用等隐私问题,物联网日益增加的安全威胁凸显了寻找该问题解决方案的重要性。

使用物联网安全分析

通过实施安全分析,可以大大减少与物联网相关的漏洞和安全问题。这涉及收集、关联和分析多个来源的数据,这些数据可以帮助物联网安全提供商识别潜在的威胁并将这种威胁扼杀在萌芽状态。

使用公钥基础设施

公钥基础设施是一个包括硬件、软件、人员、策略和规程的集合,用来实现基于公钥密码体制的密钥和证书的产生、管理、存储、分发及撤销等功能。这道安全程序已被证明是一个有效的解决方案,可以解决物联网安全问题。

确保通信保护

物联网概念适用于连接设备之间的通信。但是,当通信受到损害时,会出现通信故障,导致设备无法使用。

保护网络

物联网设备连接到已通过物联网网络连接到 Internet 的后端系统,该网络在物联网设备的平稳运行中起着至关重要的作用。

确保设备认证

如果为设备执行全面的设备身份验证,还可以减少 IoT 设备的漏洞。

实践任务

通过网络查找成熟的物联网产品在行业中的应用。

3.3 一切皆服务：云计算

3.3.1 云计算的概念

云计算（Cloud Computing）是分布式计算的一种，指的是通过网络"云"将巨大的数据计算处理程序分解成无数个小程序，然后通过多部服务器组成的系统处理和分析这些小程序，将得到的结果返回给用户。云计算早期，简单地说就是简单的分布式计算，用于任务分发并进行计算结果的合并。因此，云计算又称为网格计算。通过这项技术，可以在很短的时间内（几秒钟）完成对数以万计的数据的处理，从而实现强大的网络服务。

云计算是基于互联网的相关服务的增加、使用和交互模式，通常涉及通过互联网来提供动态易扩展且经常是虚拟化的资源。云是网络、互联网的一种比喻说法。过去在图中往往用云来表示电信网，后来也用来抽象地表示互联网和底层基础设施。云计算甚至可以让你体验每秒10万亿次的高速运算，拥有这么强大的计算能力可以模拟核爆炸、预测气候变化和市场发展趋势。用户通过电脑、笔记本、手机等方式接入数据中心，按自己的需求进行运算。

3.3.2 云计算的发展史

云计算的产生和发展与并行计算、分布式计算等计算机技术的发展密切相关。但云计算的历史可以追溯到1956年，克里斯托弗·斯特拉奇（Christopher Strachey）发表的一篇论文，正式提出"虚拟化"的概念。虚拟化是云计算基础架构的核心，是云计算发展的基础。之后，随着网络技术的发展，逐渐促成了云计算的萌芽。

在20世纪90年代，计算机网络技术出现了大爆炸，以思科为代表的一大批技术公司涌现，随即网络出现泡沫时代。

2004年，Web2.0会议举行。Web2.0成为当时的热点，也标志着互联网泡沫破灭，计算机网络发展进入了一个新的阶段。在这一阶段，让更多的用户方便快捷地使用网络服务成为互联网发展亟待解决的问题。与此同时，一些大型公司也开始致力于开发能提供高速计算能力的技术，为用户提供更加强大的计算处理服务。

2006年8月9日，谷歌首席执行官埃里克·施密特在搜索引擎大会上首次提出了"云计算"的概念。2007年以来，"云计算"成为计算机领域最令人关注的话题，同样也是大型企业、互联网建设着力研究的重要方向。因为云计算的提出，互联网技术和IT服务出现了新的模式，引发了一场变革。在2008年，微软发布了公共云计算平台，由此拉开了微软的云计算大幕。

同样，云计算在国内也掀起一场风波，许多大型网络公司纷纷加入云计算的阵营。发展到今天，云市场简直如火如荼。在国内云市场，BAT（B指百度、A指阿里巴巴、T指腾讯）、三大运营商、华为、浪潮等信息和通信技术（Information and Communication Technology，ICT）巨头纷纷涌入，可谓是英豪齐聚战鼓擂。

阿里云创立于2009年，是全球领先的云计算及人工智能科技公司，致力于以在线公共服务的方式，提供安全、可靠的计算和数据处理能力，让计算和人工智能成为普惠科技。

飞天（Apsara）诞生于2009年2月，是由阿里云自主研发、服务全球的超大规模通用计算操作系统，为全球200多个国家和地区的创新创业企业、政府、机构等提供服务。飞天希望解决人类计算的规模、效率和安全问题，可以将遍布全球的百万级服务器连成一台超级计算机，以在线公共服务的方式为社会提供计算能力。飞天的革命性创新在于它将云计算的三个方向整合起来：提供足够强大的计算能力，提供通用的计算能力，提供普惠的计算能力。

实践任务

访问阿里云网站，查看阿里云能提供哪些计算服务。

3.3.3 服务方式：SaaS/PaaS/IaaS

在云计算时代，"云"会替我们做存储和计算的工作。我们只需要一台能上网的手机，就可以在任何地点用手机快速地找到需要的资料并处理。云计算将大量用网络连接的计算资源统一管理和调度，构成一个计算资源池向用户提供服务。用户通过网络以按需、易扩展的方式获得所需资源和服务。通常有三种云服务模型：软件即服务（Software-as-a-Service，SaaS）、平台即服务（Platform-as-a-Service，PaaS）和基础设施即服务（Infrastructure-as-a-Service，IaaS）。

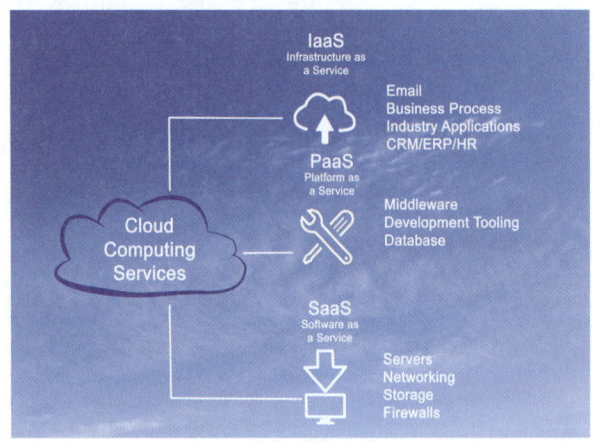

图 3-11 云计算服务方式

SaaS

SaaS 提供给客户的服务是运营商运行在云计算基础设施上的应用程序，用户可以在各种设备上通过客户端界面访问，如浏览器。消费者不需要管理或控制任何云计算基础设施，包括网络、服务器、操作系统、存储等。

PaaS

PaaS 提供给客户的服务是把客户的应用程序部署到供应商的云计算基础设施上去。客户不需要管理或控制底层的云基础设施，包括网络、服务器、操作系统、存储等，但客户能控制部署的应用程序，也能控制运行应用程序的托管环境配置。

IaaS

IaaS 提供给客户的服务是对所有计算基础设施的利用，包括处理 CPU、内存、存储、网络和其他基本的计算资源，用户能够部署和运行任意软件，包括操作系统和应用程序。客户不管理或控制任何云计算基础设施，但能控制操作系统的选择、存储空间、部署的应用，也能获得有限制的网络组件（例如路由器、防火墙、负载均衡器等）的控制。

思考与讨论

阿里云提供哪几种云计算服务方式？

3.3.4 部署方式：私有云 / 公有云 / 混合云

私有云

私有云（Private Cloud）是为一个客户单独使用而构建的，提供对数据、安全性和服务质量的最有效控制。该客户拥有基础设施，并可以控制在此基础设施上部署应用程序的方式。私有云可部署在客户数据中心的防火墙内，也可以将它们部署在一个安全的主机托管场所。私有云极大地保障了安全问题，目前有些客户已经开始构建自己的私有云。

优点：提供了更高的安全性，因为只有一个客户可以访问。这也使组织更容易订制资源以满足其特定的要求。

缺点：安装成本很高。此外，客户仅限于合同中规定的云计算基础设施资源。私有云的高度安全性可能会使得从远程位置访问变得很困难。

公有云

公有云（Public Cloud）通常指第三方提供客户能够使用的云。这种云有许多实例，可在当今整个开放的公有网络中提供服务。公有云的最大意义是能够以低廉的价格，给最终用户提供有吸引力的服务，创造新的业务价值。公有云作为一个支撑平台，还能够整合上游的服务（如增值业务、广告）提供者和下游的最终用户，打造新的价值链和生态系统。它使客户能够访问和共享基本的计算机基础设施，包括硬件、存储和带宽等资源。

优点：除了通过网络提供服务外，客户只需为他们使用的资源支付费用。此外，组织可以访问服务提供商的云计算基础设施，因此无须担心自己安装和维护的问题。

缺点：与安全有关。公共云通常不能满足许多安全法规遵从性要求，因为不同的服务器驻留在多个国家，并具有各种不同的安全法规。而且，网络问题可能发生在在线流量峰值期间。虽然公共云模型通过提供按需付费的定价方式来增加成本效益，但在移动大量数据时其费用会迅速增加。

混合云

混合云（Hybrid Cloud）是公有云和私有云两种服务方式的结合。由于安全和控制原因，并非所有的用户信息都能放置在公有云上，这样大部分已经应用云计算的客户将会使用混合云模式。很多用户将选择同时使用公有云和私有云，有一些用户也会同时建立混合云。因为公有云只会向用户使用的资源收费，所以混合云是处理需求高峰的一个非常便宜的方式。比如，对一些零售商来说，他们的操作需求会随着假日的到来而剧增，或者是有些业务会有季节性的上扬。同时，混合云也为其他目的的弹性需求提供了一个很好的基础，如灾难恢复。这意味着私有云把公有云作为灾难转移的平台，并在需要的时候去使用它。这是一个极具成本效应的理念。另一个好的理念是，使用公有云作为一个选择性的平台，同时选择其他的公有云作为灾难转移平台。

优点：允许客户利用公共云和私有云的优势，还为应用程序在多云环境中的移动提供了极大的灵活性。此外，混合云模式具有成本效益，因为客户可以根据需要决定是否及何时使用成本更高昂的云计算资源。

缺点：因为设置更加复杂而难以维护和保护。此外，由于混合云是不同的云平台、数据和应用程序的组合，整合可能是一项挑战。在开发混合云时，基础设施之间也会出现兼容性问题。

思考与讨论

针对学校业务系统的场景，使用哪种云部署方式合适？

3.4 亟待挖掘的宝藏：大数据

3.4.1 拨云见雾——大数据究竟是什么？

在搞清大数据这个基本概念之前，先看一下中商产业研究院统计的 2018 年"双十一"天猫网站的相关数据。2018 年 11 月 11 日这一天，天猫共产生销售额 2135 亿元；物流订单超过 10 亿；成交额排名前十名的省份分别是广东、浙江、江苏、上海、北京、山东、四川、河南、湖北、福建；四大经济区域零售占比：东部地区 90.9%、中部地区 5.9%、西部地区 2.8%、东北地区 0.4%；全网零售额前十名的行业分别是：服装服饰 20.3%、家用电器 13.5%、家居家装 12.5%、个护化妆 10.8%、手机数码 10%、母婴用品 6.9%、食品酒水 6.6%、运动户外 5.4%、电脑办公 5.2%、医药保健 2.3%。

上面所有数字都是在海量数据分析的基础上得出的，这些数字的呈现都离不开数据支撑。那么，什么是数据呢？什么又是大数据呢？

大数据概念

数据是指对客观事物进行记录并可以鉴别的符号，是对客观事物的性质、状态以及相互关系等进行记载的物理符号或这些物理符号的组合。它是可识别的、抽象的符号。它不仅指狭义上的数字，还可以是具有一定意义的文字、字母、数字符号的组合、图形、图像、视频、音频等，也是客观事物的属性、数量、位置及其相互关系的抽象表示。例如，"0、1、2……""阴、雨、下降、气温""学生的档案记录、货物的运输情况"等，都是数据。

关于大数据，麦肯锡全球研究所给出的定义是：一种规模大到在获取、存储、管理、分析方面大大超出了传统数据库软件工具能力范围的数据集合，具有数据规模海量、数据流转快速、数据类型多样和价值密度低四大特征。其实，到目前为止大数据还没有确切的定义，通过字面意思去理解，大数据简单来说就是海量的数据。

大数据评估指标

  容量（Volume）：数据的大小决定所考虑的数据的价值和潜在的信息；
  种类（Variety）：数据类型的多样性；
  价值（Value）：合理运用大数据，以低成本创造高价值；
  高速（Velocity）：数据增长速度快，处理速度也快，时效性要求高；
  质量（Veracity）：数据的准确性和可信赖度，即数据的质量。

数据存储单位

数据在计算机内存储的最小基本单位是 bit。数据存储单位按从小到大顺序可分为：bit、Byte、kB、MB、GB、TB、PB、EB、ZB、YB、BB、NB、DB。单位之间基本按照进率 1024（2 的十次方）来计算：

1 Byte = 8 bit

1 kB = 1 024 Byte = 2^{10} Byte

1 MB = 1 024 kB = 2^{20} Byte

1 GB = 1 024 MB = 1 048 576 kB = 2^{30} Byte

1 TB = 1 024 GB = 1 048 576 MB = 2^{40} Byte

1 PB = 1 024 TB = 1 048 576 GB = 2^{50} Byte

1 EB = 1 024 PB = 1 048 576 TB = 2^{60} Byte

1 ZB = 1 024 EB = 1 048 576 PB = 2^{70} Byte

1 YB = 1 024 ZB = 1 048 576 EB = 2^{80} Byte

1 BB = 1 024 YB = 1 048 576 ZB = 2^{90} Byte

1 NB = 1 024 BB = 1 048 576 YB = 2^{100} Byte

1 DB = 1 024 NB = 1 048 576 BB = 2^{110} Byte

大数据的结构

大数据包括结构化、半结构化和非结构化数据，非结构化数据越来越成为数据的主要部分。据互联网数据中心（Internet Data Center）的调查报告显示：企业中80%的数据都是非结构化数据，这些数据每年都按指数增长60%。

结构化数据

结构化数据是指按照一定结构和排列顺序来存储的数据。比如，目前各种流行的关系型数据库中的二维表数据就是典型的结构化数据。这种结构类似于 Excel 表，由行和列交叉形成单元格，单元格中存放数据，见表3-2。

表3-2 学生信息表

姓名	性别	专业
张三	男	计算机应用技术

半结构化数据

半结构化数据类似于结构化数据，但又不完全符合结构化数据的存储结构特点。常见的半结构化数据有 XML 和 JSON。某 XML 文件如下：

```
<Person>
    <name> 张三 </name>
    <age>21</age>
    <major> 计算机应用技术 </major>
</Person>
```

非结构化数据

非结构化数据是指数据结构没有特定的规则和表现形式。这种结构的数据可以是文本、图片、声音、视频等。

大数据的意义

现在的社会是一个高速发展的社会，科技发达，信息流通，人们之间的交流越来越密切，生活也越来越方便，大数据就是这个高科技时代的产物。阿里巴巴集团创始人马云就曾经提到，未来的时代将不是 IT 时代，而是 DT（Data Technology）时代，大数据对于阿里巴巴集团来说举足轻重。

有人把数据比喻为蕴藏能量的煤矿。煤炭按照性质分为焦煤、无烟煤、肥煤、贫煤等，而露天煤矿、深山煤矿的挖掘成本又不一样。与此类似，大数据并不在于是否"大"，而在于是否"有用"。价值含量、挖掘成本比数量更为重要。对于很多行业而言，如何利用这些大规模数据是赢得竞争的关键。

大数据的价值体现在以下方面：为大量消费者提供产品或服务的企业可以利用大数据进行精准营销；做小而美模式的中小微企业可以利用大数据做服务转型；在互联网压力之下必须转型的传统企业需要与时俱进，充分利用大数据的价值。

 **拓展视野**

大数据给贵州带来了什么？

贵州是中国首个大数据综合试验区。关于大数据与贵州，五年前，更多的人是在"寻因"：贵州为什么能发展大数据？五年后，"寻因"的人少了，"问果"的人多了：大数据给贵州带来了什么？记者采访发现，大数据不仅增强了贵州拥抱世界、走向世界的底气和信心，也推动了社会治理和实体经济的转型升级。

从一张白纸到一幅蓝图、一片发展热土，走上大数据之路的贵州正快速崛起为全球数据存储基地之一，"大数据"也成为这个"三不沿"省份闪亮的"世界名片"。

"贵州已成为中国云计算和大数据领域最具发展潜力的地区之一。"苹果公司环境、政策和社会事务副总裁莉萨·杰克逊认为。

短短五年时间，苹果、高通等全球前十位的互联网企业有七家落户贵州，苹果亚洲最大数据中心开建，中印IT产业集聚区和大数据培训学院落户贵阳，腾讯全球最安全数据中心一期试运行……

这张"世界名片"，不仅引来了世界目光和国际互联网巨头纷纷来黔投资兴业，也让贵州企业加快走上世界舞台、参与国际竞争。

贵州省大数据发展管理局局长马宁宇说，贵州围绕数据"在哪里、放在哪、怎么用"，深入推进数据"聚、通、用"，为社会治理寻找最大公约数，提升了现代化治理水平。

截至目前，云上贵州系统平台共汇聚262个政府单位、22个事业单位、24个企业用户，部署730个应用系统，存储数据量总共3992 TB，为消除"数据孤岛"、打破"部门壁垒"提供了有力的技术服务，为政府利用大数据进行科学决策提供了支撑。

> "数据来说话，扶贫难扯谎，假贫困立即就会现出原形。"贵州整合扶贫、公安、教育、卫计、工商、民政、人社、国土、住建等二十多个部门的数据，开发了贵州省精准扶贫大数据支撑平台。通过该平台可快速查询贫困户的基本状况、致贫原因、帮扶措施、帮扶成效、帮扶责任人等信息，实现数据实时自动比对、数据异常自动预警、动态精准识别贫困户。
>
> "大数据是提升国家治理能力的有效手段，是改善民生服务的有力工具。大数据在市政管理、健康医疗、精准扶贫等领域的应用，可实现民生需求洞察，资源配置优化，服务质量提升，服务渠道拓展。"中国科学院院士梅宏说。
>
> 作为全国首个国家级大数据综合试验区，贵州在过去两年先后开展了"千企改造"工程·大数据专项行动和"大数据产业深度融合行动计划"。大数据这棵"智慧树"已经成为越来越多实体经济企业的"摇钱树"。
>
> 以互联网、大数据、云计算为代表的科技创新正在成为贵州弯道取直、后发赶超的新动能。贵州将坚持以供给侧结构性改革为主线，按照高质量发展的要求，推进大数据战略行动向纵深发展。

3.4.2 探秘寻宝——什么是数据挖掘？

什么是数据挖掘？

数据挖掘一般是指从大量的数据中通过算法搜索隐藏于其中信息的过程。数据挖掘通常与计算机科学有关，通过统计、在线分析处理、情报检索、机器学习、专家系统(依靠过去的经验法则)和模式识别等诸多方法来实现。

数据挖掘方法

分类

从数据中选出已经分好类的训练集，在该训练集上运用数据挖掘分类的技术，建立分类模型，对于没有分类的数据进行分类。例如，银行根据贷款客户所能承受的风险将其分为高风险、中风险、低风险三类。

估计

估计与分类类似，不同之处在于，分类描述的是离散型变量的输出，而估计处理连续值的输出；分类的类别是确定数目的，估计的量是不确定的。例如，购物网站可以根据用户购买商品类别估计出该用户家庭组成情况。

一般来说，估计可以作为分类的前一步工作。给定一些输入数据，通过估计，得到未知的连续变量的值，然后根据预先设定的阈值进行分类。例如，银行开展家庭贷款业务时，运用估计，给每个客户赋分。然后，根据赋分阈值将贷款级别分类。

预测

预测是通过分类或估计起作用的，也就是说，通过分类或估计得出模型，该模型用于对未知变量的预测。从这种意义上说，预测其实没有必要分为一个单独的类。预测的目的是对未来未知变量的预测，这种预测是需要时间来验证的，即必须经过一定时间后，才知道预测的准确性。

相关性分组或关联规则

决定哪些事情将一起发生。例如，超市中客户在购买 A 的同时，经常会购买 B，即 A => B（关联规则）；客户在购买 A 后，隔一段时间，会购买 B（序列分析）。

聚类

聚类是对记录分组，把相似的数据结果记录在一个聚集里。聚类和分类的区别是聚集不依赖于预先定义好的类，不需要训练集。例如，一些特定症状的聚集可能预示了一个特定的疾病；租 VCD 类型不相似的客户聚集，可能暗示成员属于不同的亚文化群。聚集通常作为数据挖掘的第一步。例如，哪一种类的促销对客户响应最好？对于这一类问题，首先对整个客户做聚集，将客户分组在各自的聚集里，然后针对每个不同的聚集回答问题，这样可能效果更好。

描述和可视化

对数据挖掘结果的表示方式一般只是指数据可视化工具，包含报表工具和商业智能分析产品的统称。通过工具进行数据的展现、分析，将数据挖掘的分析结果更形象、深刻地展现出来。

数据挖掘的意义

随着信息技术的高速发展，积累的数据量急剧增长，动辄以 TB、ZB 计，如何从海量的数据中提取有用的知识，成为当下时代的当务之急。数据挖掘就是顺应这种需要而发展起来的数据处理技术，是知识发现的关键步骤。

随着企业信息化管理改革的不断深化，面对企业的海量数据，企业管理面临着如何有效从大量复杂的数据中提取有用信息，以利于企业更好地经营管理的问题。而大数据可应用于各行各业，将人们收集到的庞大数据进行分析整理，实现资讯的有效利用。

 拓展视野

啤酒+尿布

在大数据应用中,较为知名的商业案例是"啤酒+尿布"。该故事源于20世纪90年代的美国沃尔玛连锁超市。

沃尔玛超市管理人员分析其销售数据时,发现了一个十分难以理解的现象:在日常生活中,啤酒与尿布这两件商品看上去风马牛不相及,但经常会一起出现在美国消费者的同一个购物篮中。

这个独特的销售现象引起了沃尔玛管理人员的关注。经过一系列的后续调查证实,"啤酒+尿布"现象往往发生在年轻的父亲身上。

当然,这个现象源于美国独特的文化。在有婴儿的美国家庭中,通常都是由母亲在家中照看婴儿,去超市购买尿布一般由年轻的父亲负责。年轻的父亲在购买尿布的同时,往往会顺便为自己购买一些啤酒。

年轻父亲这样的消费心理自然就导致了啤酒、尿布这两件看上去不相干的商品经常被同时购买。若某个年轻的父亲在某超市只能购买到一件商品——尿布或者啤酒,通常有可能会放弃在该超市购物而到另一家商店购买,直到可以一次买到啤酒和尿布两件商品为止。

沃尔玛的管理人员发现该现象后,立即着手把啤酒与尿布摆放在同一区域,让年轻的父亲非常方便地找到尿布和啤酒这两件商品,并较快地完成购物。这样一个小小的陈列细节让沃尔玛获得了较好的商品销售收入。这便是"啤酒+尿布"的故事。

为了证明"啤酒+尿布"销售的可行性,美国学者艾格拉沃(Agrawal)在1993年从数学及计算机算法角度提出了商品关联关系的计算方法——Aprior算法,即通过分析购物篮中的商品集合,找到商品之间关联关系的算法,根据商品之间的关系找出顾客的购买行为规律。

在此基础之上,从20世纪90年代开始,沃尔玛尝试将艾格拉沃提出的Aprior算法引入POS机数据分析中,并大获成功。

实际上,沃尔玛是最早通过分析大数据而受益的传统零售企业。在大数据这个概念提出以前,沃尔玛一度拥有世界上最大的数据仓库系统,沃尔玛通过该系统对消费者购物行为等数据进行跟踪和分析,成为最了解消费者购物习惯的零售商之一。

> 2007 年，为了更好地利用大数据分析消费者的行为与需求，沃尔玛建立了一个超大的数据中心，其存储能力非常强大，可以达到 4PB 以上。
>
> 沃尔玛正是采用在当时还是小众和超前的信息技术搜集和分析消费者的行为数据，才为其高速发展打下了坚实的基础。如今，在沃尔玛全世界最大的数据仓库中存储着数千家连锁店在 65 周内每一笔销售的详细记录，这使得业务人员可以通过分析购买行为更加了解他们的客户。

思考与讨论

利用数据挖掘技术可以解决生活、学习中的哪些问题？

3.4.3 物尽其用——大数据如何改变生活？

大数据在各行业的应用

大数据无处不在，应用于各个行业，包括金融、交通、餐饮、电信、能源、体育和娱乐等。

制造业利用工业大数据提升制造业水平，包括产品故障诊断与预测、分析工艺流程、改进生产工艺、优化生产过程能耗、分析与优化工业供应链、优化生产计划与排程。比如，英特尔工厂的大数据系统对物联网采集的设备数据进行分析，实现了模式识别、故障侦测和可视化，帮助工程师及早发现不良趋势并采取必要措施避免设备停机。预测性维护将问题分析时间从原先的 4 小时缩短到了 30 秒，因为现在工程师能够直接获得分析结果，不用再从千万张图表中寻找问题，英特尔每年因此节约一亿美元的成本。

农业应用大数据，可以让农民及时知道哪些农产品好卖，甚至能分析出哪些农产品在某些地方需求量是多大。这样，农民就可以根据信息，调整生产，以及在种植方面更加精准管理，使农产品的产量和品质更高。

金融行业，大数据在高频交易、社交情绪分析和信贷风险分析三大金融创新领域发挥重大作用。比如，以余额宝为代表的互联网金融产品在 2013 年刮起一股旋风。相比普通的货币基金，余额宝的特色当属大数据。以基金的申购、赎回预测为例，基于淘宝和支付宝的数据平台，可以及时把握申购、赎回变动信息。另外，利用历史数据的积累可把握客户的行为规律。

互联网行业，借助于大数据技术，可以分析客户行为、进行商品推荐和针对性广告投放。比如，京东网上商城、天猫商城会利用大数据分析，并根据客户以往购物记录，推送客户可能会关注的相关产品的信息。

能源行业，随着智能电网的发展，电力公司可以掌握海量的用户用电信息，利用大数据技术分析用户用电模式，可以改进电网运行，合理设计电力需求响应系统，确保电网运行安全。

物流行业，利用大数据优化物流网络，提高物流效率，降低物流成本。比如，京东在大数据技术和物流大数据本身的保障下，开展多种应用，如从物流网点的智能布局，到运输路线的优化；从装载率的提升，到"最后一公里"的优化；从公司层面的决策，到配送员的智能推荐等，从点到面，逐步提升智能化水平，智慧物流将显示出在效率、成本、用户体验方面不可比拟的优势。利用软件系统把人和设备更好地结合起来，系统不断提升智能化水平，让人和设备能够发挥各自的优势，达到系统最佳的状态，并且不断进化。

城市管理，可以利用大数据实现智能交通、环保监测、城市规划和智能安防。比如通过数据挖掘有效预防火灾。

体育娱乐，大数据可以帮助训练球队，帮助投资人决定投拍哪种题材的影视作品，以及预测各种比赛结果。比如，世界杯期间，百度、谷歌、微软和高盛等公司都推出了比赛结果预测平台。百度预测结果最为亮眼，预测全程64场比赛，准确率为67%，进入淘汰赛后准确率为94%。现在互联网公司取代章鱼保罗试水赛事预测，寓示着未来的体育赛事结果可能会被大数据预测"绑架"。

个人生活，大数据还可以应用于个人生活，利用与每个人相关联的"个人大数据"，分析个人生活行为习惯，为其提供更加周到的个性化服务。

思考与讨论

请根据自身经历，谈谈大数据对你生活的影响。

3.4.4 引领未来——大数据发展趋势

如今，大数据的发展趋势正在迅速转变，但专家预测机器学习、预测分析、物联网、边缘计算将在未来几年对大数据项目产生重大影响，大数据技术也将随之发生变化。

数据的商品化

未来数据也将会像普通商品一样进行出售，这些经过处理、挖掘出来的有价值的数据对于各行各业来说都是宝贵的战略资源，数据的商品化也会使数据的价值体现得更加充分。

新数据存储技术

大数据时代如何将不同结构的数据进行有效的存取，也是未来内存制造企业要面临的新的课题。

对数学学科的促进

大数据研究是对数学理论的研究，数据挖掘算法的核心还是数学模型问题，未来大数据技术要想获得更大的发展，就必然会促使人们对数学理论进行深入研究，只有数学理论的突破才能促进大数据技术更深、更快地发展。

大数据与其他技术的融合发展

现阶段，人们谈到计算机新技术，基本就是云计算、大数据、物联网、人工智能、虚拟现实技术、5G技术。其中，大数据是云计算、人工智能的数据支持；物联网、5G技术、虚拟现实技术又是数据的获取通道。所以，未来大数据的发展会和这些新技术结合得越来越密切，新技术的发展也会助力大数据技术不断发展。

3.4.5 遵章守法——大数据时代的法律问题

大数据时代法律的重要性

我们生活在法治社会，任何活动都不能触犯国家法律。在大数据时代，数据保护已成全球性问题。在互联网及大数据技术极速发展过程中，信息安全问题逐渐成为涉及政治、经济、文化、社会、军事等领域的综合问题，越来越多地与政治外交、经贸发展、个人隐私权益等交织在一起。信息安全问题在当今时代日益凸显，随着大数据和人工智能技术的发展，数据的挖掘、整合、交易越来越便利，各种数据使用主体对个人信息掌握和使用越来越深入，大量个人信息在网络上存储、生成、使用和交换。随着人工智能及大数据相关技术日益深入我们的日常生活、技术变革带来数据获取渠道与使用方式的多样化，用户隐私权保护、信息安全面临越来越严峻的挑战。

数据保护应该技术与立法并行。数据的价值就在于能够把人的特征、行为、选择等信息化，为人类的社会、工作、生活提供方便，但大数据时代不能变成没有隐私、没有禁忌的时代，而应该是更加注重保护隐私的时代。这就要求在技术上要保证数据来源与处理方式的透明性、可控性以及载体的安全性，在立法方面应当尽早明确数据与个人信息的法律规定与保护，通过完善相关立法，依法严厉打击非法泄露和出卖个人信息等行为，构建统一有序的法律环境。我国相关技术研究与立法研究都着眼于这方面并不断努力。随着越来越多的现实生活内容连接到原本虚拟的互联网上，日益敏感且具有挖掘价值的公民个人信息被各家企业存储到云端设备，数据隐私保护日益严峻。我们能做的是让这些信息交换过程变得可控，在造福社会的同时维护人们原本和谐的生活场景。

相关的法律

《中华人民共和国刑法》；

《中国公用计算机互联网国际联网管理办法》；

《计算机软件保护条例》；

《计算机信息网络国际联网安全保护管理办法》；

《中华人民共和国计算机信息系统安全保护条例》。

思考与讨论

请思考一下，在网络通信极为发达的今天，我们使用网络应该注意避免出现哪些法律问题？

3.5 无中生有与超能感知：VR/AR

想拥有在未知空间领域身临其境的感觉吗？那么，请走进虚拟现实技术营造的世界里来吧！

3.5.1 亲身体验，身临其境：虚拟现实技术

什么是虚拟现实技术

虚拟现实技术（Virtual Reality，VR）是一种可以创建和体验虚拟世界的计算机仿真系统，它利用计算机生成一种模拟环境，让用户在虚拟环境中拥有极大的沉浸感，有身临其境的感觉。

虚拟现实中的"虚拟"是指计算机生成逼真的三维视、听、嗅觉等，使人通过某些装置很自然地体验虚拟世界。"现实"是在物理意义上或者用途上存在于自然界的

事物或者环境，它可以是自然界拥有的，也可以是虚无缥缈的或者根本无法实现的。利用计算机技术和专业设备技术的结合能将人"投射"到营造的环境中，并能操控环境，达到经历环境的目的。除计算机图形技术所生成的视觉感知外，还有听觉、触觉、力觉、运动等感知，甚至还包括嗅觉和味觉等，也称为多感知。自然技能是指人的头部转动、眼睛的活动、手势或其他人体行为动作，由计算机来处理与用户的动作相适应的数据，并对用户的输入交互实时响应，分别反馈到用户的五官。

虚拟现实技术发展史

一般认为 VR 的发展分为四个阶段。

◎ 第一阶段：虚拟现实思想的萌芽阶段（1963 年以前）。其实，VR 思想究其根本是对生物在自然环境中的感官和动态的交互式模拟，这又与仿生学相关联，中国战国时期出现的风筝是仿生学较早在人类生活中的体现，后期西方国家根据类似原理发明了飞机。

◎ 第二阶段：虚拟现实技术的初现阶段（1963—1972 年）。1968 年，"计算机图形学之父"、美国科学院院士伊凡·苏译兰特（Ivan Sutherlan），开发了第一个计算机图形驱动的头盔显示器 HMD 及头部位置跟踪系统，成为虚拟现实技术发展史上一个重要的跳跃。

◎ 第三阶段：虚拟现实技术概念和理论产生的初期阶段（1973—1989 年）。这一时期首先是克鲁格（M.W.Krueger）设计了 VIDEOPLACE 系统，可以产生一个虚拟图形环境，使体验者的图像投影能实时地响应自己的活动。另外，格里维（M.M.Greevy）领导完成了 VIEW 系统，它是让体验者穿戴数据手套和头部跟踪器，通过语言、手势等交互方式，形成虚拟现实系统。两大设计的产生，让虚拟现实技术更进一步。

◎ 第四阶段：虚拟现实技术理论的完善和应用阶段（1990 年至今）。1994 年，日本游戏公司 Sega 和任天堂分别针对游戏产业推出 Sega VR-1 和 Virtual Boy。2012 年，随着 Oculus 公司出产的 VR 设备价格下降，又使 VR 向大众视野走近了一步。2014 年，Google 发布了 Google CardBoard，三星发布 Gear VR。2016 年，苹果发布了名为 View-Master 的 VR 头盔。另外，HTC 的 HTCVive、索尼的 PlayStationVR 也相继出现。在这一阶段，虚拟现实技术从研究阶段转向应用阶段，广泛运用到科研、航空、医学、军事等领域。

什么是增强现实技术

增强现实（Augmented Reality，AR）技术是一种将虚拟信息与真实世界巧妙融合的技术，广泛运用了多媒体、三维建模、实时跟踪及注册、智能交互、传感等多种技术手段，将计算机生成的文字、图像、三维模型、音乐、视频等虚拟信息模拟仿真后，应用到真实世界中，从而实现对真实世界的"增强"效果。

思考与讨论

生活中是否体验过虚拟现实技术，是什么感受？

3.5.2 无所不能，无所不有：虚拟现实技术特征

沉浸性

又称浸入性，使用户完全沉浸在所创造的虚拟环境中，使其相信在虚拟环境中用户也是确实存在的，而且它可以在用户操作过程中自始至终地发挥作用，就像真实的客观世界一样。体验用户佩戴虚拟体验设备，可以让其实现真正的沉浸式体验，感受在虚拟的场景中通过脚步移动和手部交互设备操作，获得身临其境的游戏和视听体验。

交互性

用户就像在真实的环境中一样与虚拟环境中的任务、事物发生互动联系，能够响应人的自然行为。人与虚拟环境可即时交互产生与真实世界一样的感觉，几乎可以忽略计算机的存在。

构想性

虚拟场景是由设计者想象出来的，既可以是真实环境的再现，也可以是想象的虚拟环境，比如建筑设计，虚拟现实技术能够比图纸或者效果图更形象生动，有真实感。

多感知性

用户能以客观世界的实际动作或以人类实际的方式来操作虚拟系统，用户除了感知计算机所具有的视觉外，还有听觉感知、触觉感知、运动感知，甚至还包括味觉、嗅觉感知等。VR还可以让用户感觉到他面对的是一个真实的环境。理想的虚拟现实应该具有一切人所具有的感知功能。

自主性

是指虚拟环境中物体依据物理定律动作的程度。如当受到力的推动时，物体会向力的方向移动、翻倒或从桌面落到地面等。

AR 技术特点

AR 系统具有三个突出特点：真实世界和虚拟世界的信息集成；具有实时交互性；在三维尺度空间中增添定位虚拟物体。

3.5.3 灵境的那个"她"：VR、AR 等技术应用

虚拟现实技术（Virtual Reality，VR）

VR 就是把完全虚拟的世界通过各种各样的设备呈现给用户，一般是全封闭的，给人一种沉浸感。在 VR 的世界里，所有的东西都是虚拟的，它阻挡了现实世界，为用户创建一个全数字化、身临其境的体验。

近年来，随着计算机技术、交互技术和人工智能等相关技术的快速发展，虚拟现实技术取得了巨大的进步，以此为基础的实际应用也得到了很快的发展和提高。

图 3-12　虚拟技术的魅力

城市规划

利用 VR 技术能够使政府规划部门、项目开发商、工程人员及公众从任意角度实时互动，真实地看到规划效果，更好地掌握城市的形态和理解规划师的设计意图。用户在三维场景中任意漫游，人机交互，可以轻易地发现不易察觉的设计缺陷，减少由于事先规划不全面而造成的无可挽回的损失，大大提高了项目的评估质量。

教学

VR 技术让教育变得可视化，利用虚拟空间帮助学生轻松理解复杂的概念、推理

和实操课程,学生还可以在虚拟环境中触摸和操作物体,进行结构原理展示、零部件拆装,从而可以快速消化难以理解的知识点,沉浸于营造的虚拟环境中,营造一个良好的学习氛围。

医学

虚拟现实技术可以全程模拟人体系统(包括骨骼、肌肉、神经和循环系统等)及解剖过程,多种解剖学人体结构,涵盖男女人体的各个主要器官和系统。通过触控笔可随时对人体系统进行拆解或选择某特定人体系统的构造,在全三维模式下对人体各系统进行学习、浏览,同时还可查看系统预置的人体组织的注释。实习医生借助于 HMD 及感觉手套,可以对虚拟的人体模型进行手术,加强手术之前的熟悉和练习过程。外科医生在真正动手术之前,通过虚拟现实技术的帮助,能在显示器上重复地模拟手术,移动人体内的器官,寻找最佳手术方案并提高熟练度,从而加大手术成功概率,降低手术风险。

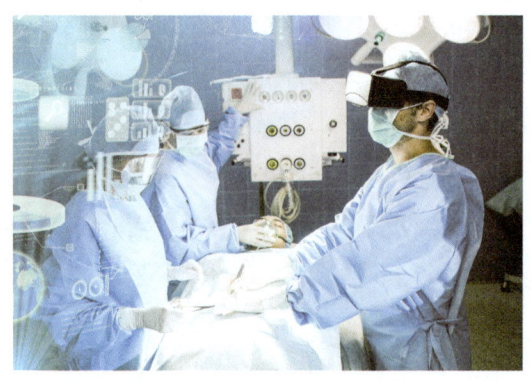

图 3-13　虚拟技术在医学的应用

旅游

虚拟旅游通过订制 VR 景区资源,搭载体感 VR 设备,真正实现"旅游概念体验",在虚拟的环境中做到足不出户浏览诸多景点,身临其境体验景区。它还可以有效解决导游资源匮乏以及实地参观成本高的问题。

军事航天

学员的模拟训练一直是军事与航天工业中的重要课题,这为 VR 提供了广阔的应用前景。利用 VR 技术,可以模拟飞行,可模拟零重力环境,可模拟作战环境等。

科学可视化

科学可视化是指运用计算机图形学和图像处理技术,将科学计算过程中或者计算结果的数据转换为图形或图像,在屏幕上显示出来并进行交互式处理的技术或方法。对于很多复杂的分子结构、三维体数据和繁杂的地震数据等,使用传统的图像分析技术和二维表现方法很难对其进行识别和度量,而使用虚拟现实技术则可以将计算过程以动态、立体的形式来表现，结果形象生动，用户可以沉浸在虚拟环境之中，使用自然直观的方式与虚拟的科学世界交互，大大提高了数据解释水平和推测准确性，加深了用户对科学数据的理解。

虚拟演播

随着计算机技术和三维图形软件等先进信息技术的发展，电视节目制作方式发生了很大的变化。视觉和听觉效果以及人类的思维都可以靠虚拟现实技术来实现。虚拟演播室则是虚拟现实技术与人类思维相结合，在电视节目制作中的具体体现。虚拟演播系统的主要优点是它能够更有效地表达新闻信息，增强信息的感染力和交互性。

汽车仿真

汽车虚拟开发工程，即在汽车开发的整个过程中，全面采用计算机辅助技术，是把汽车开发的造型、设计、计算、试验直至制模、冲压、焊接、总装等各个环节中的计算机模拟技术联为一体的综合技术，使汽车的开发、制造都置于计算机技术所构建的严格的数据环境中。虚拟现实技术在汽车制造领域的应用，大大缩短了设计周期，提高了市场反应能力。

室内设计

虚拟现实不仅仅是一个演示媒体，而且还是一个设计工具，它以视觉形式反映了设计者的思想。比如，装修房屋之前，你首先要做的事是对房屋的结构、外形做细致的构思，在脑海中进行一个大概的设计，你还需设计许多图纸，当然这些图纸只有内行人才能读懂，虚拟现实可以把这种构思变成看得见的虚拟物体和环境，使以往传统的设计模式提升到数字化即看即所得的完美境界，大大提高了设计和规划的质量与效率，使房屋拥有者能够更直观地知道房屋最终是什么状态。运用虚拟现实技术，设计者可以完全按照自己的构思去构建、装饰"虚拟"的房间，并可以任意变换自己在房间中的位置，去观察设计的效果，直到满意为止，既节约了时间，又节省了做模型的费用，还加强了房屋拥有者的满意度和好感度。

图 3-14 虚拟技术在设计领域的应用

增强现实技术（Augmented Reality，AR）

AR 通过计算机技术，将虚拟的信息应用到真实世界，真实的环境和虚拟的物体实时地叠加到了同一个画面或空间中共存，在体验者的现实世界中叠加数字创建的虚拟的内容。

图 3-15　虚拟技术体验

体验者通过一定的设备去增强在现实世界的感官体验。用户使用 AR 设备时，体验者处在现实世界中，但却能感受到 AR 设备叠加在现实世界中的内容，让真实的世界与虚拟的世界完美结合，而且这种结合是实时传递的，不会让使用者有分离感，从而增强真实感和融入感。在这样的技术下，世界完全不同了，可以从眼前的景物看到更为意想不到的画面。

AR 技术已经在教育、娱乐、医学、军事等方面有了很多应用。

教育

学生们可以利用移动设备在桌子上探索物体的虚拟 3D 模型，了解各种物体的内部构造，从而加强学习的积极性和探索性。通过将交互式 3D 模型投射在 AR 中，可以把抽象的概念和理论进行一步步拆分，让学生有最直观的感受。

娱乐

在游戏中，AR 技术能够让不同地区的玩家进入一个真实的场景中，再控制虚拟替身去进行对战，增强了真实的游戏体验。在电影中应用 AR 技术是让虚拟的事件发生在影院，这样看过以后再到真实的环境里就会有很强的代入感。

医学

AR 技术可以呈现出病人体内的实时情况，并且可视化地显示身体结构，让医生能够更加准确地定位手术部位，大大降低了手术的失误率，提高了手术的安全性。

军事

AR 技术能够增强方位的识别，实时提供侦察区域的所有信息，大大提高侦察的效率。

混合现实技术（Mixed Reality，MR）

混合现实技术包括增强现实和增强虚拟，指的是合并现实和虚拟世界而产生新的可视化环境。在新的可视化环境里物理和数字对象共存，并实时互动。

混合现实可以将此时此刻的真实情况与虚拟现实融为一体，增强许多娱乐和商业情景的现实感。目前，混合现实技术尚处于起步阶段。

MR设备能给用户构建一个混沌的世界。如果用户从哈尔滨坐飞机前往三亚，在漫长的飞行途中，利用MR设备，座椅就仿佛是嘎吱嘎吱作响的沙滩椅，脚底轻触地板就好像是踩在沙滩上，漫长的飞行途中就像直接被"传送"到沙滩上，但现实中用户并没有真的在沙滩上。

MR一半是现实一半是虚拟影像，利用数字模拟技术使用户更能体验真实感，更有想象空间。通过融合虚拟和现实两个世界，为无法参与体验虚拟现实内容的观众展示虚拟现实的无限可构想性。

扩展现实技术（Extended Reality，XR）

扩展现实是指通过计算机技术和可穿戴设备产生一个真实与虚拟组合的、可人机交互的环境。扩展现实包括增强现实、虚拟现实、混合现实等多种形式。XR其实是一个总称，包括了AR、VR、MR。XR分为多个层次，从通过有限传感器输入的虚拟世界到完全沉浸式的虚拟世界。

思考与讨论

VR、AR、MR、XR的区别是什么？

3.5.4 炫彩的背后，艰难重重：虚拟现实平台障碍

即使VR技术前景较为广阔，但作为一项高速发展的科技技术，其自身的问题也随之浮现，如产品回报稳定性问题、用户视觉体验问题等。对于VR企业而言，如何突破目前VR发展的瓶颈，让VR技术成为主流，仍是亟待解决的问题。

首先，部分用户使用VR设备会带来眩晕、呕吐等不适感，这也造成其体验不佳的问题。部分原因是设备清晰度不足，而另一部分则是刷新率无法满足要求。研究显示，14k 以上的分辨率才能基本使大脑认同。但就目前来看，所用的 VR 设备远达不到"骗过大脑"的要求。客户的不舒适感以及由此而产生的对 VR 技术是否会对自身身体健康造成损害的担忧，必将影响 VR 技术未来的发展与普及。

VR 体验的高价位同样是制约其扩张的原因之一。在国内市场中，VR 眼镜价位一般都在 3000 元以上。当然，这并非是短时间内可以解决的问题，用户如果想体验到高端的视觉享受，必然要承担高昂的成本。若想要使虚拟现实技术得到推广，确保其内容的产出和回报率的稳定十分关键。VR 所涉及内容的制作成本与体验感决定了消费者接受 VR 设备的程度，而这一高投入的回报率难以预估。

思考与讨论

虚拟现实技术下一步可能在什么地方有所突破？

3.6 信任危机与去中心化：区块链

3.6.1 从理想到现实：区块链究竟是什么

如果说蒸汽机释放了人们的生产力，电力解决了人们基本的生活需求，互联网彻底改变了信息传递的方式，那么区块链作为构造信任的机器，将可能彻底改变整个人类社会价值传递的方式。

区块链是分布式数据存储、点对点传输、共识机制、加密算法等计算机技术的新型应用模式。

以前信任是靠信誉、百年老店、权威机构等，区块链建立了新的可以被量化的信任方式，成为信任的基石。区块链最核心的革命特性是改变了千百年来落后的信用机制。

区块链本质上是解决信任问题、降低信任成本的技术方案，目的就是为了去中心化，去信用中介。它是一个分布式的公共账本，任何人都可对这个账本进行核查，但不存在单一的用户可以对它控制。在区块链系统中，参与者共同维持账本的更新，它只能按照严格的规则和共识进行修改。比如说，A 同学找 B 同学借一百块钱，但 B 同学怕 A 同学赖账，于是 B 同学就找来 C 同学做公证，并记下这笔账，这个就叫中心化。A、B、C、D、E……同学共同处理一笔业务，如果账本在 C 同学一个人手中，账本丢了或被修改了怎么办？于是就给每位同学都发了一个账本，任何人之间转账都通过大喇叭发布消息，收到消息后，每个人都在自己的账本上记下这笔交易，这就叫去中心化。有了分布式账本，即使 C 同学或 D 同学的账本丢了也没关系，因为 E 同学、F 同学等其他同学都有账本。

把这种"线下独立记账"升级为"线上全民记账"，班里的每位同学共同认证记录一笔记录，大家都会在公认的账本后面添加新的交易，每个记录有前后链接关系，而且其他人也会参与验证当天的交易。最后那个公认的账本也只会增加，不会减少。后续加入的成员都会从最长的那个账本里继续记录。

思考与讨论

用一句话来概括区块链。

3.6.2 天下无贼：区块链基础

区块链技术是利用区块链式数据结构来验证与存储数据、利用分布式节点共识算法来生成和更新数据、利用密码学的方式保证数据传输和访问的安全、利用由自动化脚本代码组成的智能合约来编程和操作数据的一种全新的分布式基础架构与计算方式。

分布式账本

分布式账本，就是交易记账由分布在不同地方的多个节点共同完成，而且每一个节点记录的都是完整的账目，因此它们都可以参与监督交易合法性，同时也可以互为作证。

跟传统的分布式存储有所不同，区块链分布式存储的独特性主要体现在两个方面：一是区块链每个节点都按照块链式结构存储完整的数据，传统分布式存储一般是将数据按照一定的规则分成多份进行存储。二是区块链每个节点存储都是独立的、地位等同的，依靠共识机制保证存储的一致性，而传统分布式存储一般是通过中心节点往其他备份节点同步数据。

没有任何一个节点可以单独记录账本数据，避免了单一记账人被控制或者被贿赂而记假账的可能性。也由于记账节点足够多，理论上讲除非所有的节点被破坏，否则账目就不会丢失，从而保证了账目数据的安全性。

非对称加密和授权技术

非对称加密和授权技术，可以确保存储在区块链上的交易信息是公开的，但账户身份信息是高度加密的，只有在数据拥有者授权的情况下才能访问到，从而保证了数据的安全和个人的隐私。

共识机制

共识机制，就是所有记账节点之间怎么达成共识，去认定一个记录的有效性，这既是认定的手段，也是防止篡改的手段。区块链提出了四种不同的共识机制，适用于不同的应用场景，在效率和安全性之间取得平衡。

区块链的共识机制具备"少数服从多数"及"人人平等"的特点，其中"少数服从多数"并不完全指节点个数，也可以是计算能力、股权数或者其他的计算机可以比较的特征量。"人人平等"是当节点满足条件时，所有节点都有权优先提出共识结果、直接被其他节点认同并最后有可能成为最终共识结果。

智能合约

智能合约是基于可信的不可篡改的数据，可以自动化地执行一些预先定义好的规则和条款。以保险为例，如果说每个人的信息（包括医疗信息和风险发生的信息）都是真实可信的，那就很容易在一些标准化的保险产品中进行自动化理赔。

在保险公司的日常业务中，虽然交易不像银行和证券行业那样频繁，但对可信数据的依赖有增无减。因此，利用区块链技术，从数据管理的角度切入，能够有效地帮助保险公司提高风险管理能力。

思考与讨论

区块链是怎么工作的？

3.6.3 区区小事：典型应用

金融领域

区块链在国际汇兑、信用证、股权登记和证券交易所等金融领域有着潜在的巨大应用价值。将区块链技术应用在金融行业中，能够省去第三方中介环节，实现点对点的直接对接，从而在大大降低成本的同时快速完成交易支付。

中国石油化工集团公司已经成功应用区块链技术来完成汽油的运输。中化集团在其网站上发布了一份声明，解释了数字提单和智能合同可以节省20%—30%的财务成本。

物联网和物流领域

区块链在物联网和物流领域也可以天然结合。通过区块链可以降低物流成本，追溯物品的生产和运送过程，并且提高供应链管理的效率。该领域被认为是区块链一个很有前景的应用方向。

2018年7月30日，紫云股份公司正式发布基于区块链技术的疫苗溯源防伪平台。紫云股份结合已申请的基于区块链的溯源防伪标签、加工工艺应用服务平台专利技术和已研发的食品药品领域追溯防伪解决方案，自主研发了该平台。

公共服务领域

区块链在公共管理、能源、交通等领域都与民众的生产生活息息相关，但这些领域的中心化特质也带来了一些问题，可以用区块链来改造。区块链提供的去中心化的完全分布式DNS服务通过网络中各个节点之间的点对点数据传输服务就能实现域名的查询和解析，可用于确保某个重要的基础设施的操作系统和固件没有被篡改，可以监控软件的状态和完整性，发现不良的篡改，并确保使用了物联网技术的系统所传输的数据没用经过篡改。

星牛旅游手机软件是基于区块链技术的一个去中心化的旅行服务体系，链接全球的旅行服务提供者与旅游消费者，去掉了中间代理商，降低了整个交易成本；所有信息、数据可追溯，不可篡改，保证了用户身份信息的真实性；并且透明可信的生态链数据可以共享。

数字版权领域

通过区块链技术，可以对作品进行鉴权，证明文字、视频、音频等作品的存在，保证权属的真实、唯一性。作品在区块链上被确权后，后续交易都会进行实时记录，实现数字版权全生命周期管理，也可作为司法取证中的技术性保障。

百度图腾是百度区块链原创图片服务平台，2018年4月11日正式上线，该产品采用自研区块链版权登记网络，配合可信时间戳、链戳双重认证，为每张原创图片生成版权DNA，可真正实现原创作品可溯源、可转载、可监控。

保险领域

在保险理赔方面，保险机构负责资金归集、投资、理赔，往往管理和运营成本较高。通过智能合约的应用，既无须投保人申请，也无须保险公司批准，只要触发理赔条件，实现保单自动理赔。

中国平安旗下科技公司金融壹账通正式推出区块链的突破性解决方案——壹账链。借助全球首创的加密信息可授权式解密共享技术，壹账链支持国密算法的异地快速一键部署，这一解决方案不仅降低了中小银行以及金融机构获得高性能区块链底层设计服务的成本，同时也为监管部门创造了透明、高效的监管环境。

公益领域

区块链上存储的数据不可篡改，具有高可靠性，适合用在社会公益场景。公益流程中的相关信息，如捐赠项目、募集明细、资金流向、受助人反馈等，均可以存放于区块链上，并且有条件地进行透明公开公示，方便社会监督。

在公益方面，腾讯搭建了公益寻人链。在法务存证领域，腾讯区块链平台利用区块链的不可篡改完整追溯特性，确保了电子证据的真实可信。在金融行业，腾讯区块链已构建了完整的供应链金融服务平台，帮助解决中小企业融资难、融资贵问题。

思考与讨论

区块链技术可以应用在学校的哪些地方？相比传统方式，区块链技术应用于教育有哪些优点？

模块检测

1. 物联网的三层构架是哪些？

2. 有哪些主要的云计算服务提供商？

3. 云部署方式有哪三种，有何差异？

4. 大数据的特征有哪些？

5. 大数据结构有哪几种？

6. 列举虚拟现实在现实生活中的应用。

7. 区块链的主要技术有哪些？

模块 4

AI 的前世今生：
它从哪里来

模块学习导读

1956 年,人工智能的概念被第一次提出,人工智能技术的发展已经走过了六十多年的历程。在这六十多年里,人工智能技术经历了 20 世纪 50—60 年代以及 80 年代人工智能的两次高潮期,也经历过两次低谷期。随着近年来数据爆发式的增长、计算能力的大幅提升以及深度学习算法的发展和成熟,人工智能的发展迎来了第三次高潮期。基于大数据和强大计算能力的机器学习算法已经在计算机视觉、语音识别、自然语言处理等一系列领域中取得了突破性的进展,人工智能技术的应用逐渐成熟,人工智能的高速发展揭开了一个新时代的帷幕。

本模块主要介绍人工智能的基本概念、人工智能的本质、人工智能的三次浪潮以及人工智能的应用现状、主流学派和关键技术。通过本模块的学习,同学们可理解人工智能的前世今生,为后续模块的学习打好基础。

模块学习目标

知识目标

1. 了解人工智能的基本概念;
2. 了解人工智能发展过程中的三次浪潮;
3. 熟悉人工智能的应用现状;
4. 了解人工智能的主流学派;
5. 了解人工智能领域的关键技术。

能力目标

1. 能区分弱人工智能、强人工智能和超人工智能;
2. 能复述人工智能发展的三次浪潮;
3. 能区分人工智能的主流学派。

4.1 追本溯源：什么是 AI

AI（人工智能），从科学的角度来说，是研究、开发用于模拟、延伸和扩展人的智能的理论、方法、技术及应用系统的一门新的技术科学。

中国《人工智能标准化白皮书（2018版）》对人工智能的解释是利用数字计算机或者数字计算机控制的机器模拟、延伸和扩展人的智能，感知环境、获取知识并使用知识获得最佳结果的理论、方法、技术及应用系统。

人工智能从字面上看，可以分为"人工"和"智能"两部分。"人工"比较好理解，争议性也不大，可以表达为系统内的个体根据人为的、预先编排好的规则或计划好的方向运作，以实现或完成系统内各个体不能单独实现的功能、性能与结果。简单来说，就是由人工安排好了一切。"智能"是个体有目的的行为、合理的思维以及有效地适应环境的综合性能力，即个体认识客观事物和运用知识解决问题的能力。人类个体的智能是一种综合性能力，包括感知和认识客观事物、客观世界以及自我的能力；通过学习取得经验和积累知识的能力；理解知识、运用知识及经验分析问题和解决问题的能力；联想、推理、判断和决策的能力；运用语言进行抽象和概括的能力；发现、发明、创造和创新的能力；实时地、迅速地和合理地应付复杂环境的能力；预测和洞察事物发展变化的能力等。需要特别指出的是，智能是相对的、发展的，如果离开特定时间叙述智能是困难的、没有意义的。

人工智能是计算机科学的一个分支，它致力于了解智能的实质，并生产出一种新的能使用与人类智能相似的方式做出反应的智能机器。该领域的研究包括机器人、语言识别、图像识别、自然语言处理和专家系统等。人工智能自诞生以来，理论和技术日益成熟，应用领域也不断扩大，可以设想，未来人工智能带来的科技产品，将会是人类智慧的"容器"。

人工智能是一门极富挑战性的科学，从事这项工作的人必须懂得计算机知识、心理学和哲学。人工智能包括范围广泛，由不同的领域组成，如机器学习、计算机视觉等。总的说来，人工智能研究的一个主要目标是使机器能够胜任一些通常需要人类智能才能完成的复杂工作。但不同的时代、不同的人对这种"复杂工作"的理解是不同的。

通常，按照水平高低，即是否能真正实现推理、思考和解决问题，人工智能可以分成三大类：弱人工智能、强人工智能和超人工智能。

4.1.1 弱人工智能（Weak AI）

弱人工智能是指不能真正实现推理和解决问题的智能机器，这些机器仅仅是表面看起来智能，但并不是真正的智能，更不会有自主意识。迄今为止，人工智能系统还都是实现特定功能的专用智能，而不是像人类智能那样能够不断适应复杂的新环境并不断涌现出新的功能，因此都还是弱人工智能。目前的主流研究仍然集中于弱人工智能，并取得了显著进步，如在语音识别、图像处理和物体分割、机器翻译等方面取得的重大突破，甚至可以接近或超越人类水平。

弱人工智能应用范围非常广泛，但因为比较"弱"，很多人没有意识到它们就是人工智能。就好像现在手机当中的自动拦截骚扰电话、邮箱的自动过滤，还有在围棋方面打败人类的机器人，这些都是属于弱人工智能的应用。

弱人工智能只专注于完成某个特定的任务，例如语音识别、图像识别和翻译，是擅长单个方面的人工智能，类似高级仿生学。它们只是用于解决特定具体类的任务问题而存在，大都是统计数据，从中归纳出模型。谷歌的 AlphaGo 和 AlphaGo Zero 就是典型的"弱人工智能"，它们充其量是一个优秀的数据处理者，尽管它们能战胜围棋领域的世界级冠军，但是 AlphaGo 和 AlphaGo Zero 也仅会下围棋，是一项擅长于单个游戏领域的人工智能，其他领域比如在硬盘上储存和处理数据，就不是它们的强项了。

思考与讨论

你还知道哪些弱人工智能的例子？

4.1.2 强人工智能（Strong AI）

"强人工智能"一词最初是约翰·罗杰斯·希尔勒（John Rogers Searle）针对计算机和其他信息处理机器创造的，其定义为："强人工智能观点认为计算机不仅是用来研究人的思维的一种工具；相反，只要运行适当的程序，计算机本身就是有思维的。"拥有强人工智能的机器不仅是一种工具，而且本身拥有思维。强人工智能有真正推理和解决问题的能力，这样的机器将被认为是有知觉的，有自我意识的。

强人工智能是指真正能思维的智能机器，并且这样的机器可以被认为是有知觉的和有自我意识的，这类机器可分为类人与非类人两大类。前者指的是机器的思考和推理类似人的思维，后者指的是机器产生了和人完全不一样的知觉和意识，使用和人完全不一样的推理方式。

强人工智能不仅在哲学上存在巨大争论即涉及思维与意识等根本问题的讨论，

在技术上的研究也具有极大的挑战性。

仅靠认知主义、符号主义、连接主义和行为主义这四个流派的经典路线很难设计制造出强人工智能。因为即使有更高性能的计算平台和更大规模的大数据助力，也还只是量变，不是质变，人类对自身智能的认识还处在初级阶段，在人类真正理解智能机理之前，不可能制造出强人工智能。理解大脑产生智能的机理是脑科学的终极性问题，绝大多数脑科学专家都认为这是一个数百年乃至数千年甚至永远都解决不了的问题。

最困扰人们的人工智能问题，非正式地称为"人工智能完备"（AI-complete）或者"人工智能困难"（AI-hard），解决了这些计算性问题就相当于解决了人工智能的核心问题——让计算机和人类或者强人工智能一样聪明。将一个问题称为"人工智能完备"的，意味着它不能被一个简单的特定算法解决。人们假定人工智能完备的问题包括计算机视觉、自然语言理解，以及处理真实世界中的意外情况。目前为止，人工智能完备的问题仍然不能单靠现代计算机技术解决，而是需要人类计算。这一点在某些方面很有用，例如通过验证码来判别人类和机器，以及在计算机安全方面用于阻止暴力破解法。

强人工智能理论

强人工智能引发起一连串哲学争论，关于强人工智能的争论，它不同于更广义的一元论和二元论的争论。其争论要点是：如果一台机器的唯一工作原理就是转换编码数据，那么这台机器有没有思维？希尔勒认为机器是不可能有思维的。如果机器仅仅是转换数据，而数据本身是对某些事情的一种编码表现，那么在不理解这一编码和实际事情之间的对应关系的前提下，机器不可能对其处理的数据有任何理解。基于这一论点，希尔勒认为即使有机器通过了图灵测试，也不一定说明机器就真得像人一样有思维和意识。也有哲学家持不同的观点，丹尼尔·丹尼特（Daniel Dennett）认为，人也不过是一台有灵魂的机器而已。他认为像上述的数据转换机器是有可能有思维和意识的。

4.1.3 超人工智能（Super AI）

牛津哲学家、知名人工智能思想家尼克·博斯特罗姆（Nick Bostrom）把超级智能表述为"在几乎所有领域都比最聪明的人类大脑聪明很多，包括科学创新、通识和社交技能"。

在超人工智能阶段，人工智能已经跨过"奇点"，其计算和思维能力已经远超人脑。此时的人工智能已经不是人类可以理解和想象的。人工智能将打破人脑受到的维度限制，其所观察和思考的内容人脑已经无法理解，人工智能将形成一个新的社会。

现在，人类已经在弱人工智能领域取得巨大突破，它的每一步都是在向强人工智能迈进。而超人工智能超出了人类现有的认知范围，甚至引发了人类"永生"或"灭绝"的哲学思考。

思考与讨论

说一说你所期待的超人工智能时代。

拓展视野

人工智能的研究目标

1978年，所罗门（A.Sloman）对人工智能给出了三个主要目标：对智能行为有效解释的理论分析；解释人类智能；构造智能的人工制品。

人工智能的研究目标可分为远期目标和近期目标。远期目标是要制造智能机器。具体来讲，就是要使计算机具有看、听、说、写等感知和交互功能，具有联想、推理、理解、学习等高级思维能力，还要有分析问题、解决问题和发明创造的能力。简而言之，也就是使计算机像人一样具有自动发现规律和利用规律的能力，或具有自动获取知识和利用知识的能力，从而扩展和延伸人的智能。

人工智能研究的近期目标是实现机器智能，即研究如何使现有的计算机更聪明，使它能够运用知识去处理问题，能够模拟人类的智能行为，如推理、思考、分析、决策、预测、理解、规划、设计和学习等。为了实现这一目标，人们需要根据现有计算机的特点，研究实现机器智能的有关理论、方法和技术，建立相应的智能系统。

实际上，人工智能的远期目标与近期目标是相互依存的。远期目标为近期目标指明了方向，而近期目标则为远期目标奠定了理论和技术基础。同时，近期目标和远期目标之间并无严格界限，近期目标会随人工智能研究的发展而变化，最终达到远期目标。

4.2 一波三折：AI 发展的三次浪潮

人工智能的发展与计算机的发展时间差不多一样长，但两者的发展进度却大相径庭。计算机的发展就像一帆风顺的富二代，几乎是一路向前狂奔，不曾减速。而人工智能的发展则更像一个白手起家的创业者，既有万众瞩目、人们信心爆棚、资金大量注入的时候，也有被打入冷宫、无人问津的时候，短短的几十年经历了三起两落。

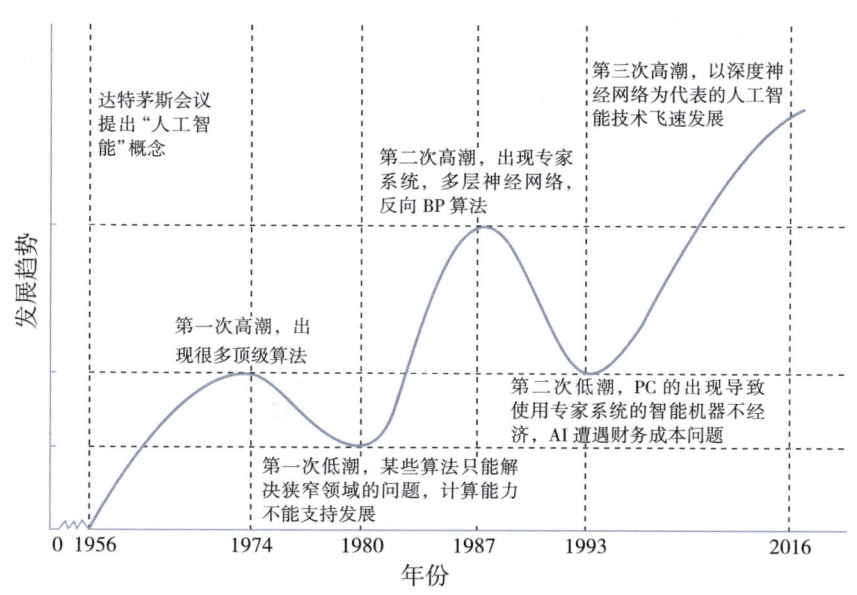

图 4-1 人工智能的发展历程

人工智能早在 20 世纪中叶就已经诞生。1950 年，一位名叫马文·明斯基（Marvin Minsky，后被人称为"人工智能之父"）的大四学生与他的同学邓恩·埃德蒙（Dunn Edmond）一起，建造了世界上第一台神经网络计算机，这被看作人工智能的一个起点。巧合的是，同样在 1950 年，被称为"计算机之父"的艾伦·图灵（Alan Turing）提出了一个举世瞩目的想法——图灵测试。按照图灵的设想：如果一台机器能够与人类开展对话而不被辨别出机器身份，那么这台机器就具有智能。同年，图灵还大胆预言了真正具备智能机器的可行性。

1956 年夏天，美国达特茅斯学院举行了历史上第一次人工智能研讨会，被认为是人工智能诞生的标志。在会上，约翰·麦卡锡（John Mccarthy）首次提出了"人工智能"的概念，艾伦·纽厄尔（Allen Newell）和赫伯特·西蒙（Herbert Simon）则展示了编写的逻辑理论机器。明斯基提出"智能机器能够创建周围环境的抽象模型，如果遇到问题，能够从抽象模型中寻找解决方法"。

图 4-2　达特茅斯会议合影

4.2.1 理论的革新——人工智能的第一次高潮期

20 世纪 40 年代，电子计算机刚刚诞生，当时计算机更多被视为运算速度特别快的数学计算工具。在 1956 年的达特茅斯会议之后，人工智能迎来了属于它的第一次高潮期。在这段长达十余年的时间里，计算机被广泛应用于数学和自然语言领域，用来解决代数、几何和英语问题。这让很多研究学者看到了机器向人工智能发展的信心。甚至在当时，有很多学者认为："二十年内，机器将能完成人能做到的一切。"

在研究人工智能的初期，受到显著成果和乐观精神驱使的很多美国大学，如麻省理工学院、卡内基·梅隆大学、斯坦福大学和爱丁堡大学，都很快建立了人工智能项目及实验室，同时获得了来自美国国防部高级研究计划署（ARPA）等政府机构提供的大批研发资金。

1959 年，乔治·德沃尔（George Devol）与约瑟夫·恩格尔伯格（Joseph F.Engelberger）联手制造出第一台工业机器人，随后成立了世界上第一家机器人制造工厂——Unimation 公司。在技术还不够强大的时代，第一代机器人更像"机器"，这类机器人通过计算机控制一个自由度很高的机械，反复重复人类教授的动作，并对外界环境没有任何感知。

1965 年，约翰·霍普金斯大学应用物理实验室研制出 Beast 机器人。Beast 能通过声呐系统、光电管等装置，根据环境校正自己的位置。随后"有感觉"的机器人研究兴起，这意味着人工智能的研发又向前迈进了一步。

人工智能第一次低谷期

20世纪70年代，人工智能进入了一段痛苦而艰难的岁月。由于科研人员在人工智能的研究中对项目难度预估不足，不仅导致与APRA的合作计划失败，还给人工智能的发展前景蒙上了一层阴影。与此同时，社会舆论的压力也开始慢慢压向人工智能，导致很多研究经费被转移。

当时人工智能面临的技术瓶颈主要有三个方面：第一，计算机性能不足，导致早期很多程序无法在人工智能领域得到应用；第二，问题的复杂性，早期人工智能程序主要是解决特定的问题，因为特定的问题对象少，复杂性低，可一旦问题上升维度，程序立马就不堪重负了；第三，数据量严重缺失，当时不可能找到足够大的数据库来支撑程序进行深度学习，这很容易导致机器无法读取足够量的数据进行智能化。

随着公众热情的消退和投资的大幅削减，人工智能于20世纪70年代中期被迫进入了第一个寒冬。

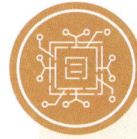
拓展视野

图灵与图灵测试

艾伦·图灵，英国数学家、逻辑学家，除了这两个身份外，他还有两个更加显赫的头衔——"计算机科学之父"和"人工智能之父"。图灵描述了一种可以辅助数学研究的机器——图灵机，今天我们所用的计算机都是基于图灵机演变而来的。图灵只活了四十几岁，生命晚期他对人工智能特别着迷，提出了图灵测试，为人类研究人工智能开辟了一条道路。

图4-3 艾伦·图灵

图灵测试指测试者（一个人）与被测试者（一台机器）在隔开的情况下，通过一些装置（如键盘和显示器）向被测试者随意提问。进行多次测试后，如果有超过30%的测试者不能确定出被测试者是人还是机器，那么这台机器就通过了测试，并被认为具有人类智能。2014年6月12日，一个名为"尤金"的聊天程序成功蒙骗了30%的人类测试者，达到了图灵当年提出的标准。虽然图灵测试的科学性受到质疑，但在过去数十年一直被广泛认为是测试机器智能的标准，对人工智能的发展产生了极为深远的影响。

> 为了纪念图灵，美国计算机学会（ACM）于1966年设立了图灵奖。图灵奖被称为计算机学科的诺贝尔奖。到目前为止，共有60余人获图灵奖，每年有1至3名，中国科学院院士姚期智于2000年获得该奖项。在已获奖的60多人中，有8位研究人工智能，1/8左右的获奖者从事的研究和人工智能有关。从这个角度来看，学习和研究人工智能是非常重要的。

4.2.2 思维的转变——人工智能的第二次高潮期

从1980年到1987年，由于引入了"知识"，人工智能迎来了第二次发展高潮。

在经历了第一次低谷之后，研究人工智能的专家开始进行反思。他们发现只告诉机器求解的方法或者解题的思路是不够的，还需要为机器引入知识。我们想一下人类的求解过程就会知道，仅仅知道方法和规则，但是没有相应的知识和经验的积累也是不行的。就像我们参加高考，大部分人对于要考的知识点都是了解的，考分高低的差别主要在于平常做过或见过多少题型，"题海战术"本身也是知识和经验积累的过程。人工智能专家认识到这点后，就开始为人工智能引入知识。在人工智能专家爱德华·费根鲍姆（Edward Feigenbaum）的带领下，人工智能开辟了一个新的领域——专家系统。

所谓"专家系统"就是利用计算机化的知识进行自动推理，从而模仿领域专家解决问题。1980年，卡内基·梅隆大学（CMU）为数字设备公司DEC设计了一个名为"XCON"的专家系统，这个系统可以根据客户的计算机购买订单，给出满足客户需求的解决方案，包括制造这个计算机所需的CPU、操作系统、存储器等组件的型号，会给出一个系统配置清单，以及各组件的装配连接图。硬件工程师可以直接根据清单和装配图进行生产。XCON系统当时每年可为DEC公司省下4000万美元。XCON的商业价值激发了工业界对专家系统的热情，这个时期仅专家系统产业的价值就有5亿美元。

如今，随着技术水平的不断提升，人工智能专家系统在人类生活应用方面也开始扮演越来越重要的角色，如沃森机器人应用于医疗诊断。

人工智能的第二次低谷

然而好景不长，持续七年左右的第二次人工智能繁荣期很快就接近了尾声。到1987年，苹果和IBM生产的台式机性能都超过了Symbolics等厂商生产的通用型计算机，专家系统自然风光不再。到80年代晚期，DARPA（ARPA于1972年改名为

DARPA)的新任领导认为人工智能并不是"下一个浪潮";1991年,人们发现日本人设定的"第五代工程"也没能实现。这些事实情况让人们从对专家系统的狂热追捧中一步步走向失望。人工智能发展再次步入寒冬。

人工智能再次陷入低谷的主要原因还是技术本身的实现程度支撑不起足够多的应用。当一种技术并没有在商业中深度渗透进去,自身又需要较多的研究资源,也没有坚实的理论基础让人看到高额投入配比高额产出时,那么它遇冷的可能性就变得极大。

4.2.3 技术的融合——人工智能的第三次高潮期

随着数据爆发式的增长、计算能力的大幅提升以及深度学习算法的发展和成熟,人工智能迎来了第三次高潮期。

20世纪80年代,人们认识到如果让计算机自己学习知识,而不是让专家设计知识,就可以很好地解决知识获取的问题。于是,机器学习一下子成为人们关注的焦点。在这段时期,人工智能研究专家开始引入不同学科的教学工具,为人工智能和其他学科交流合作打通了渠道。

1993年之后,人工智能迎来飞速发展阶段,在这个时期,人工智能曾多次击败过人类。1997年,IBM深蓝(Deep Blue)以3.5:2.5战胜国际象棋世界冠军卡斯帕罗夫(Garry Kasparov),成为首个在标准比赛时限内击败国际象棋世界冠军的电脑系统。这是一次具有里程碑意义的成功,代表了基于规则的人工智能的胜利。2011年,IBM沃森机器人在综艺节目中战胜了最高奖金得主和连胜纪录保持者。2016年,谷歌开发的围棋人工智能程序AlphaGo以4:1的成绩战胜围棋世界冠军李世石。2017年,AlphaGo化身Master,再次出战横扫棋坛,让人类见识到了人工智能的强大。

这一系列令人震惊的结果再次引来了世界各国的关注。政府和商业机构纷纷把人工智能列为未来发展战略的重要部分。

2016年5月,美国白宫发表了《为人工智能的未来做好准备》;英国2016年12月发布《人工智能:未来决策制定的机遇和影响》;法国在2017年4月制定了《国家人工智能战略》;德国在2017年5月颁布全国第一部自动驾驶的法律;石油大国阿联酋在2017年10月将人工智能确立为国家战略;2017年中国出台了《新一代人工智能发展规划》(国发〔2017〕35号)、《促进新一代人工智能产业发展三年行动计划(2018-2020年)》(工信部科〔2017〕315号)等政策文件,推动人工智能技术研发和产业化发展。2017年6月29日,首届世界智能大会在天津召开。中国工程院院士潘云鹤在大会主论坛作了题为"中国新一代人工智能"的主题演讲,报告中概括了世界各国在人工智能研究方面的战略。据不完全统计,2017年我国运营的人工智能公司接近400家，行业巨头百度、腾讯、阿里巴巴等都不断在人工智能领域发力。

2018年1月18日，中国国家标准化管理委员会宣布成立国家人工智能标准化总体组、专家咨询组，负责全面统筹规划和协调管理我国人工智能标准化工作并发布了《人工智能标准化白皮书（2018版）》。

2019年，人工智能连续第三年被写入政府工作报告，并且首次提出了"智能+"。政府工作报告提出，打造工业互联网平台，拓展"智能+"，为制造业转型升级赋能。2019年5月16日，国际人工智能与教育大会在北京召开。国家主席习近平向大会致贺信。习近平强调，中国高度重视人工智能对教育的深刻影响，积极推动人工智能和教育深度融合，促进教育变革创新，充分发挥人工智能优势，加快发展伴随每个人一生的教育、平等面向每个人的教育、适合每个人的教育、更加开放灵活的教育。中国愿同世界各国一道，聚焦人工智能发展前沿问题，深入探讨人工智能快速发展条件下教育发展创新的思路和举措，凝聚共识、深化合作、扩大共享，携手推动构建人类命运共同体。

第三次人工智能高潮与前两次高潮有着明显的不同：前两次人工智能浪潮主要是由学术界提出问题，并在劝说、游说政府和投资人投钱，基本停留在理论层面；而这次人工智能高潮是以解决问题为目的，投资人已主动向热点领域的学术项目和创业项目投钱，即已上升到商业模式层面。

基于大数据和强大计算能力的机器学习算法已经在计算机视觉、语音识别、自然语言处理等一系列领域中取得了突破性的进展，基于人工智能技术的应用也已经开始成熟。同时，这一轮人工智能发展的影响已经远远超出学术界之外，政府、企业、非营利机构都开始拥抱人工智能技术。

思考与讨论

谈一谈你对沃森机器人的了解。

实践任务

使用清华大学自然语言处理与社会人文计算实验室开发的"九歌——计算机诗词创作系统"进行集句诗、绝句、藏头诗、词创作。

4.3 重获新生：AI 的应用现状

人工智能的发展就像是在不停地登山一样，尽管道路崎岖，也曾走错路线，但是人工智能并没有停止前进，而是在不停地选择路线，通过不断探索找出方法，在不断的攀登中也有各种新的发现，并且为人们的生活带来了很多改变。在机器视觉、语音识别、数据挖掘、自动驾驶等应用场景，人工智能接连突破了人们可以接受的心理阈值，并第一次在产业层面"落地"，发挥并创造出真正的价值。

人们普遍认识的人工智能三要素是数据、算力、算法。数据是整个互联网世界和物联网发展的基础；算力将数据进行计算；算法针对不同行业建立了对应的模型。如果把人工智能比喻成一锅蒸熟的米饭，那么数据就好比下锅的米，巧妇难为无米之炊；算力好比锅下的火，火候到了才能把生米做成熟饭；算法好比锅中的水，有水有米才好做饭，三者俱全，才是人工智能。

这样，我们就可以认为人工智能高速发展主要取决于三个方面：计算力的增长，海量数据的积累，算法的进步和优化。

4.3.1 计算力的增长

计算能力的限制曾经是人工智能研究跌入低谷的原因。随着摩尔定律的发展，计算能力逐步得到解放。中央处理器 CPU 性能飞速提升，最先被用来训练深度学习。但不久发现的拥有出色浮点计算性能的图形处理器 GPU（Graphics Processing Unit）更适合做深度学习训练，提高了深度学习两大关键活动：分类和卷积的性能，同时又达到所需的精准度。相对传统的 CPU，GPU 拥有更快的处理速度、更少的服务器投入和更低的功耗，见表 4-1。目前，在文本处理、语音和图像识别上，CPU+GPU 并行不仅被 Google、Facebook、百度、微软等巨头采用，也成为猿题库、旷视科技这类初创公司训练人工智能深度神经网络的选择。

表 4-1 GPU 相比 CPU 拥有更高的训练速度

批处理大小	CPU 训练时间	GPU 训练时间	GPU 加速
64 images	64s	7.5s	8.5x
128 images	124s	14.5s	8.5x
256 images	257s	28.5s	9.0x

未来人工智能芯片的应用大体有两个方向：其一是用于云端服务器的芯片，对于云端的高运算需求来说，预计将以 CPU+GPU 搭配为主，主要特点是高功耗、高计算能力以及通用性，云端人工智能运算对于具体应用场景的要求较少，通用芯片

即可满足要求；其二是用于终端（如手机及其他智能硬件）的人工智能芯片，由于终端运算空间有限，对于芯片的要求主要在于其低功耗，并针对不同场景有所区分，因此订制及半订制化的 FPGA、ASIC 及类脑芯片将成为主流。智能芯片是人工智能时代的战略制高点，也将助推人工智能的飞速发展。

思考与讨论

为什么 GPU 比 CPU 更适合深度学习？

拓展视野

基于 FPGA 的半订制化芯片和全订制化 ASIC 芯片

现场可编程门阵列（Field-Programmable Gate Array，FPGA），是一种半订制的集成电路，百度就采用了 FPGA 打造百度大脑专用 AI 芯片。全球 FPGA 市场有三大产商，Xilinx 和 Altera 长期稳坐第一和第二的位置，占据了市场约 90% 的份额，是市场和技术的领头羊，剩余的份额被 Lattice 占据。2015 年，英特尔以 167 亿美元收购 Altera，收购的原因之一就是看中 FPGA 的专用计算能力在人工智能领域的发展。Xilinx 与 IBM 也进行了战略合作加速数据中心应用。FPGA 的突出优势是能够根据应用的特征来订制计算和存储结构，达到硬件结构与深度学习算法的最优匹配，获得更高的性能功耗比；并且，FPGA 灵活的重构功能也方便了算法的微调和优化，能够大大缩短开发周期。

专用集成电路（Application Specific Integrated Circuit，ASIC），是指应特定用户要求和特定电子系统的需要而设计、制造的集成电路。目前用复杂可编程逻辑器件（CPLD）和 FPGA 来进行 ASIC 设计是较为流行的方式之一，它们的共性是都具有用户现场可编程特性，都支持边界扫描技术，但两者在集成度、速度以及编程方式上具有各自的特点。

4.3.2 海量数据的积累

数据是限制人工智能爆发的又一因素。在"大数据"概念出现之前，计算机并不能很好地解决需要人去做判别的一些问题。人工智能是用大量的数据作为导向，让需要机器来做判别的问题最终转化为数据问题。

回溯以往的案例，当我们获得了大量具有多维特征的、有代表性的数据之后，对这些数据进行预测和归纳总结。通过这些数据我们可以产生一个数学模型，或者其他模型，从模型中得到我们想要的结果。最早的开普勒第一定律就是通过对大量数据进行分析、总结、归纳得来的。约翰尼斯·开普勒（Johannes Kepler）的老师将大量的天文学数据交到他的手上，他从大量的数据中总结，并通过验证，最终提出了开普勒第一定律：所有的行星都是围绕太阳做椭圆形运动。

从计算机发明之初，科学家就常常想计算机的智能化之路怎么走，一直到了 20 世纪 70 年代才找到通过数据来产生智能的方向。由于过去的数据量，相对于计算机时代数据大爆炸来说，实在是太过于微薄，所以一直以来没有实质性的进展。直到 20 世纪 90 年代之后，才开始渐渐有了网络数据的积累。这个时候的智能领域，无论是语音识别还是图像识别等，渐渐才开始有所突破。2000 年之后，互联网迅速发展，大数据这个概念开始被提出来，逐渐被计算机科学界以及大型互联网公司所重视。

随着移动互联网的爆发，数据量呈现出指数级的增长，大数据的积累为人工智能提供了基础支撑。IDC、希捷科技曾发布了《数据时代 2025》白皮书。报告显示，到 2025 年全球数据总量将达到 163ZB。这意味着，2025 年的数据总量将比 2016 年的数据总量增长 10 倍多。其中，属于数据分析的数据总量将比 2016 年增加 50 倍，达到 5.2ZB；属于认知系统的数据总量将增长 100 倍之多。爆炸性增长的数据推动着新技术的萌发、壮大，为深度学习的方法训练提供了丰厚的数据土壤。

大数据主要包括采集与预处理、存储与管理、分析与加工、可视化计算及数据安全等，具备数据规模不断扩大、种类繁多、产生速度快、处理能力要求高、时效性强、可靠性要求严格、价值大但密度较低等特点，为人工智能提供丰富的数据积累和训练资源。

4.3.3 算法的进步和优化

近 20 年来，人工智能专家试图用神经网络建模来模拟大脑，用生物进化机制来提升机器的智能。他们将自治体的方法论与神经网络的模型结合起来，形成了当代人工智能研究中最令人兴奋的、最具开拓性的研究成果——深度学习（Deep Learning）。深度学习成为人工智能最为主流的算法。

2006 年，杰弗里·辛顿（Geoffrey Hinton）提出"深度学习"神经网络，使得人工智能性能获得突破性进展，进而促使人工智能产业又一次进入快速发展阶段。"深度学习"神经网络主要机理是通过深层神经网络算法来模拟人的大脑学习过程，通过输入与输出的非线性关系将低层特征组合成更高层的抽象表示，最终达到掌握运用的水平。

深度学习是对不同模式进行建模的一种方式，其结构具有较多层数的隐层节点以保证模型的深度；同时，深度学习明确突出了特征学习的重要性，通过逐层特征变换，将样本在原空间的特征表示变换到一个新特征空间，从而使识别或预测更加准确。

数据量的丰富程度决定了是否有充足数据对神经网络进行训练，进而使人工智能系统经过深度学习训练后达到强人工智能水平。因此，能否有足够多的数据对人工神经网络进行深度训练，提升算法有效性是人工智能能否达到类人或超人水平的决定因素之一。有了深度学习的技术支持，人工智能在机器翻译、问答游戏、阅读理解、图像识别等领域取得了革命性的发展。

在计算力指数级增长及高价值数据的驱动下，以人工智能为核心的智能化正不断延伸其技术应用广度，拓展技术突破深度，并不断增强技术落地（商业变现）速度，例如，在新零售领域，大数据与人工智能技术的结合，可以提升人脸识别的准确率，商家可以更好地预测每月的销售情况；在交通领域，大数据和人工智能技术结合，基于大量的交通数据开发的智能交通流量预测、智能交通疏导等人工智能应用可以实现对整体交通网络进行智能控制；在健康领域，大数据和人工智能技术结合，能够提供医疗影像分析、辅助诊疗、医疗机器人等更便捷、更智能的医疗服务。同时，在技术层面，大数据技术已经基本成熟，并且推动人工智能技术以惊人的速度进步；在产业层面，智能安防、自动驾驶、医疗影像等都在加速落地。

 **拓展视野**

国内 AI 开放平台

百度 AI 开放平台

百度大脑是百度 AI 核心技术引擎，包括视觉、语音、自然语言处理、知识图谱、深度学习等 AI 核心技术和 AI 开放平台。百度大脑对内支持百度所有业务，对外全方位开放，助力合作伙伴和开发者，加速 AI 技术落地应用，赋能各行各业转型升级，并通过百度智能云赋能行业客户。

2019 年 4 月 20 日，"百度大脑核心技术及开放平台"荣获 2018 年度中国电子学会科学技术奖科技进步奖一等奖。2019 年 7 月 3 日，在 2019 年百度 AI 开发者大会上，百度 CEO 李彦宏透露，迄今为止百度大脑已经向所有开发者开放了 200 多项 AI 核心能力。

图 4-4　百度 AI 开放平台网页版

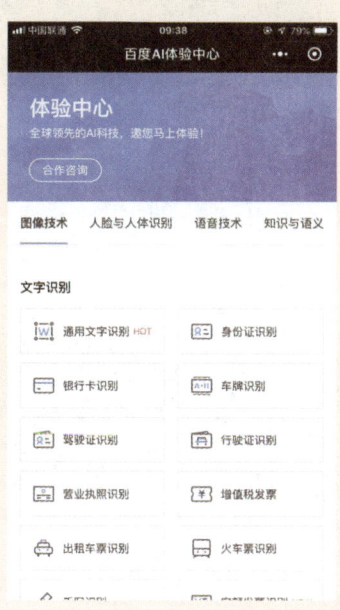

图 4-5　百度 AI 开放平台微信小程序版

腾讯 AI 开放平台

在 2018 世界人工智能大会腾讯分论坛上，腾讯移动互联网事业群副总裁、开放平台总经理侯晓楠宣布腾讯 AI 开放平台 AI.QQ.COM 正式发布。该平台依托腾讯 AI Lab、腾讯优图、WeChat AI 等实验室，汇聚腾讯 AI 技术能力，开放 100 余项 AI 能力接口，供行业使用。线下则将通过 AI 加速器帮助和扶持 AI 创业者，打造 AI 开放新生态。

腾讯 AI 开放平台的 AI 技术能力已在各行各业得以应用。例如，为某市规划局提供手写体 OCR、图片识别等技术接口，帮助其智能识别手写表格并自动分类，提升文档处理效率 5 倍以上。一家服装集团借助 AI 智能算法，对工艺制造环节进行高效的自动识别，减少人力投入、降低误判损失，提高整体生产效率 20%。

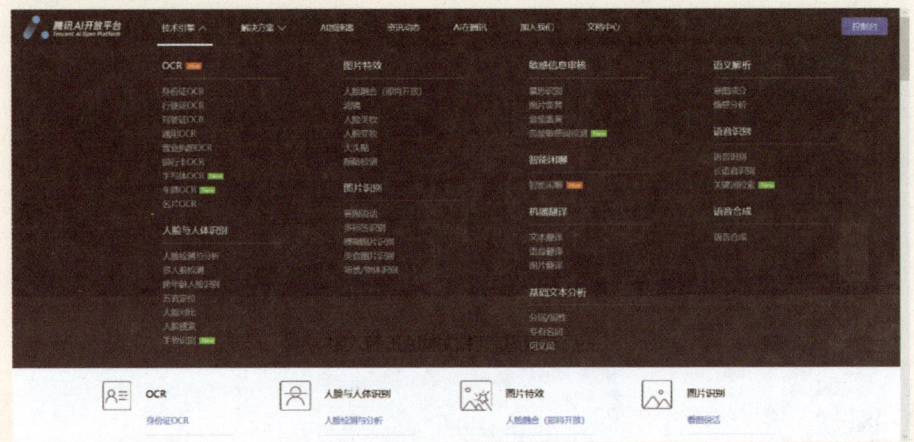

图 4-6　腾讯 AI 开放平台网页版

图 4-7　腾讯 AI 开放平台微信小程序版

京东 AI 开放平台

2018 京东人工智能创新峰会上，京东 AI 开放平台 NeuHub 正式发布。NeuHub，基于京东高净值数据和丰富场景，打造零售和零售基础设施的 AI 应用平台，与各行业生态伙伴共建、共享、共用丰富的 AI 能力和应用，并提供 QuickAI、CrowdAI 等开发工具，打造面向不同场景的端到端集成创新产品和解决方案，以多层次的人工智能产品和应用，满足多维度人工智能需求。

2019 京东人工智能大会全国系列活动首站成都站上，京东 AI 正式发布了全新的京东人工智能开放平台 NeuHub 2.0。升级后的 NeuHub 定位为面向零售及零售基础设施领域的一站式人工智能开发与应用平台。全新升级的京东人工智能开放平台 NeuHub 2.0 旨在通过开放和合作链接人工智能产业的供需两侧，面向零售、物流、金融、城市等行业场景，提供从 AI 通用能力 API 到灵活可订制化的 AI 开发工具平台，从端到端的 AI 创新应用产品到全场景覆盖的生态合作应用平台，满足产业智能化趋势下的一站式人工智能开发与应用需求。

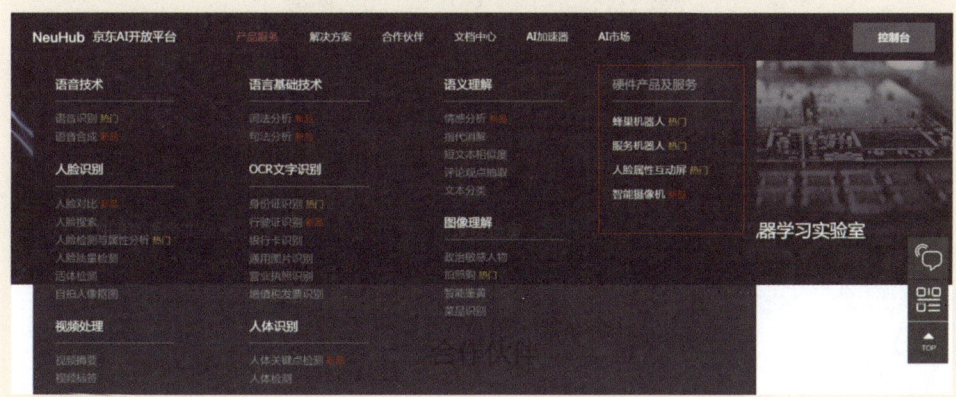

图 4-8　京东 AI 开放平台网页版

讯飞 AI 开放平台

科大讯飞推出的以语音交互技术为核心的人工智能开放平台，为开发者免费提供语音识别、语音合成等语音技术 SDK，人脸识别、声纹识别等统一生物认证系统，智能硬件解决方案及 AIUI 人工智能交互界面。

图 4-9　讯飞 AI 开放平台网页版

图 4-10　讯飞 AI 开放平台微信小程序版

旷视（Face++）人工智能开放平台

旷视（Face++）是 2011 年成立的一家人工智能企业，也是我国最早开拓人工智能视觉商业应用的 AI 企业。旷视科技在 2012 年以"Face++"为名推出了人脸识别云服务平台，能够免费为开发者提供一整套世界领先的人脸检测、人脸识别、面部分析的视觉技术服务。与旷视科技合作的企业用户和独立开发者通过旷视(Face++)提供的 API 接入和离线引擎就可以享受现成的人脸检测、分析和识别等服务，并且可以在自己的产品中低成本地实现若干面部识别功能。

经过 4 年的发展，Face++ 日均 API 调用量已经高达 2000 万次，累积吸引了近 6 万名开发者用户，旷视曾向媒体透露其中 30% 为海外用户。而近日，旷视科技在其官方公众平台公布其 Face++ 平台已经完成了全新的算法升级，并增添了文字识别、图像识别等多种人工智能视觉能力。

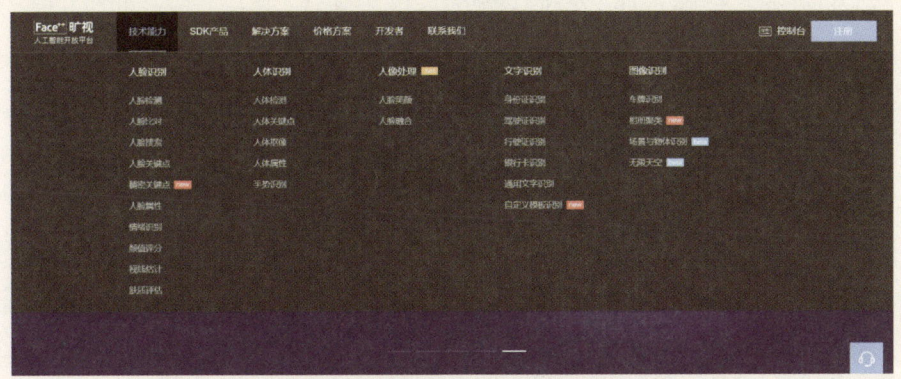

图 4-11　旷视(Face++)人工智能开放平台网页版

图 4-12　旷视(Face++)人工智能开放平台微信小程序版

实践任务

了解百度大脑 AI 开放平台、科大讯飞 AI 开放平台。

4.4 百家争鸣：AI 的主流学派

由于人们对人工智能本质的不同理解和认识，形成了人工智能研究的多种不同途径。在不同的研究途径下，其研究方法、学术观点和研究重点有所不同，进而形成不同的学派。这里主要介绍认知学派、符号主义学派、行为主义学派和连接主义学派。

4.4.1 认知学派

以明斯基、西蒙和纽厄尔等人为代表，从人的思维活动出发，利用计算机进行宏观功能模拟。该学派认为认知的基元是符号，智能行为通过符号操作来实现。它以美国人鲁滨逊（Robinson）提出的消解法（即归结原理）为基础，以 LISP 和 Prolog 语言为代表，着重于问题求解中的启发式搜索和推理过程。该学派在逻辑思维的模拟方面取得了成功，如自动定理证明。

明斯基从心理学的研究出发，认为人们在日常的认识活动中，使用了大批从以前的经验中获取并经过整理的知识，这些知识是以一种类似框架的结构记存在人脑中。由此，他提出了框架知识表示方法。明斯基认为人的智能根本不存在统一的理论。1985 年，他出版了《心智的社会》（The Society of Mind）一书，书中指出思维社会是由大量具有某种思维能力的单元组成的复杂社会。

4.4.2 符号主义学派

符号主义又称为逻辑主义，心理学派或计算机学派，其原理主要为物理符号系统（又称符号操作系统）假设和有限合理性原理。这一派认为实现人工智能必须用逻辑和符号系统。

符号学派认为人的物理能力和心智能力是分开的，而人工智能就是要用计算机程序来模拟心智能力，而不是物理能力。正因此，智能应该是一种特殊的软件，与实现它的硬件并没有太大关系。这就好比一个会开车的人，他不能让一个没有轮子的车跑起来，但你不能因此说他不会开车。这个人具有开车的能力，就是智能（软件），与车能不能开（硬件）无关。

专家系统是符号主义的主要成就。1965年，费根鲍姆等人在总结通用问题求解系统的成功与失败经验的基础上，结合化学领域的专门知识，研制了世界上第一个专家系统：DENDRAL。专家系统时代最成功的案例是DEC的专家配置系统XCON。当客户订购DEC的VAX系列计算机时，XCON可以按照需求自动配置零部件。从1980年投入使用到1986年，XCON一共处理了八万个订单。20世纪80年代初到20世纪90年代初，专家系统经历了十年的黄金期。

符号主义学派认为：首先，智能机器必须有关于自身环境的知识；其次，通用智能机器要能陈述性地表达关于自身环境的大部分知识；再次，通用智能机器表示陈述性知识的语言至少要有一阶逻辑的表达能力。

符号主义学派在人工智能研究中，强调的是概念化知识表示、模型论语义、演绎推理等。约翰·麦卡锡（John McCarthy）主张任何事物都可以用统一的逻辑框架来表示，在常识推理中以非单调逻辑为中心。

4.4.3 行为主义学派

行为主义，又称进化主义或控制论学派，其原理为控制论及感知动作型控制系统。

20世纪80年代以前，行为主义和连接主义一样，都被符号主义的光芒所掩盖了。行为主义的贡献主要是在机器人控制系统方面，希望从模拟动物的"感知——动作"开始，最终复制出人类的智能。

20世纪末，行为主义正式提出智能取决于感知与行为，以及智能取决于对外界环境的自适应能力的观点。至此，行为主义成为一个新的学派，在人工智能的舞台上拥有了一席之地。

行为主义以布鲁克斯（R.A.Brooks）等人为代表，认为智能行为只能在现实世界由系统与周围环境的交互过程中表现出来。

1991年，布鲁克斯提出了无须知识表示的智能和无须推理的智能。他还以其观点为基础，研制了一种机器虫。该机器用一些相对独立的功能单元，分别实现避让、前进、平衡等功能，组成分层异步分布式网络。该学派为机器人研究开创了一种新方法。

该学派的主要观点可以概括如下：首先，智能系统与环境进行交互，即从运行的环境中获取信息（感知），并通过自己的动作对环境施加影响；其次，指出智能取决于感知和行为，提出了智能行为的"感知—行为"模型，认为智能系统可以不需要知识、表示和推理，像人类智能一样可以逐步进化；再次，强调直觉和反馈的重要性，智能行为体现在系统与环境的交互之中，功能、结构和智能行为是不可分割的。

4.4.4 连接主义学派

连接主义又称为仿生学派或生理学派,其主要原理为神经网络及神经网络间的连接机制与学习算法。

以鲁姆哈特(Rumelhart)、麦克莱兰(Mcclelland)和霍普菲尔德(Hopfield)等人为代表,从人的大脑神经系统结构出发,研究非程序的、适应性的、类似大脑风格的信息处理的本质和能力,人们也称它为神经计算。这种方法一般通过人工神经网络的"自学习"获得知识,再利用知识解决问题。由于它近年来的迅速发展,大量的人工神经网络的机理、模型、算法不断地涌现出来。人工神经网络具有高度的并行分布性、很强的鲁棒性和容错性,使其在图像、声音等信息的识别和处理中广泛应用。

除了上述四个学派,还有知识工程学派和分布式学派。知识工程学派以费根鲍姆为代表,研究知识在人类智能中的作用和地位。分布式学派以休伊特(Hewitt)为代表,研究智能系统中知识的分布行为。

人工智能各学派的研究方法各有长短,既有擅长的处理能力,又有一定的局限性。仔细学习和研究各个学派思想和研究方法之后,可以发现,各种学派可以取长补短,实现优势互补。过去在激烈争论时期,那种企图完全否定对方而以一家的主义和方法主宰人工智能世界的氛围,正被互相学习、优势互补、集成模拟、合作共赢、和谐发展的新氛围代替。

未来人工智能的各个学派,一方面要密切合作,取长补短,把一种学派无法解决的问题转化为另一学派能够解决的问题;另一方面要逐步建立统一的人工智能理论体系和方法论,在一个统一系统中集成逻辑思维、形象思维和进化思想,创造更先进的人工智能研究方法。未来的人工智能将广泛地涵盖各个领域,消除各领域之间的应用壁垒。人工智能作为新一轮产业变革的核心驱动力,将催生新的技术、产品、产业、业态、模式,从而引发经济结构的重大变革,实现社会生产力的整体提升。

思考与讨论

人工智能各个学派有激烈的争论,到底哪个学派是胜利者,哪个学派是失败者?请试着给出你的观点.

4.5 武功秘籍：AI 领域的关键技术

近二十年来，人工智能领域的技术在不断发展、融合，其关键技术主要包括机器学习、知识图谱、自然语言处理、计算机视觉、人机交互、生物特征识别、虚拟现实／增强现实等关键技术。

4.5.1 机器学习

机器学习是一门涉及统计学、系统辨识、逼近理论、神经网络、优化理论、计算机科学、脑科学等诸多领域的交叉学科，研究计算机怎样模拟或实现人类的学习行为，以获取新的知识或技能，重新组织已有的知识结构使之不断改善自身的性能，是人工智能技术的核心。基于数据的机器学习是现代智能技术的重要方法之一，研究从观测数据出发寻找规律，利用这些规律对未来数据或无法观测的数据进行预测。根据学习模式、学习方法以及算法的不同，机器学习存在不同的分类方法。

◎根据学习模式，可以将机器学习分类为监督学习、无监督学习和强化学习等。

监督学习

监督学习是利用已标记的有限训练数据集，通过某种学习策略／方法建立一个模型，实现对新数据／实例的标记（分类）／映射，最典型的监督学习算法包括回归和分类。监督学习要求训练样本的分类标签已知，分类标签精确度越高，样本越具有代表性，学习模型的准确度越高。监督学习在自然语言处理、信息检索、文本挖掘、手写体辨识、垃圾邮件侦测等领域获得了广泛应用。

无监督学习

无监督学习是利用无标记的有限数据描述隐藏在未标记数据中的结构／规律，最典型的非监督学习算法包括单类密度估计、单类数据降维、聚类等。无监督学习不需要训练样本和人工标注数据，便于压缩数据存储、减少计算量、提升算法速度，还可以避免正、负样本偏移引起的分类错误问题。主要用于经济预测、异常检测、数据挖掘、图像处理、模式识别等领域，例如组织大型计算机集群、社交网络分析、市场分割、天文数据分析等。

强化学习

强化学习是智能系统从环境到行为映射的学习，以使强化信号函数值最大。由于外部环境提供的信息很少，强化学习系统必须靠自身的经历进行学习。强化学习的目标是学习从环境状态到行为的映射，使得智能体选择的行为能够获得环境最大的奖赏，使得外部环境对学习系统在某种意义下的评价为最佳。强化学习在机器人控制、无人驾驶、下棋、工业控制等领域获得成功应用。

◎ 根据学习方法，可以将机器学习分为传统机器学习和深度学习。

传统机器学习

传统机器学习从一些观测（训练）样本出发，试图发现不能通过原理分析获得的规律，实现对未来数据行为或趋势的准确预测。相关算法包括逻辑回归、隐马尔科夫方法、支持向量机方法、K近邻方法、三层人工神经网络方法、Adaboost算法、贝叶斯方法以及决策树方法等。传统机器学习平衡了学习结果的有效性与学习模型的可解释性，为解决有限样本的学习问题提供了一种框架，主要用于有限样本情况下的模式分类、回归分析、概率密度估计等。传统机器学习方法共同的重要理论基础之一是统计学，在自然语言处理、语音识别、图像识别、信息检索和生物信息等许多计算机领域获得了广泛应用。

深度学习

深度学习是建立深层结构模型的学习方法，典型的深度学习算法包括深度置信网络、卷积神经网络、受限玻尔兹曼机和循环神经网络等。深度学习又称为深度神经网络（指层数超过三层的神经网络）。深度学习作为机器学习研究中的一个新兴领域，由辛顿（Hinton）等人于2006年提出。深度学习源于多层神经网络，实质是给出了一种将特征表示和学习合二为一的方式。深度学习的特点是放弃了可解释性，单纯追求学习的有效性。经过多年的摸索尝试和研究，已经产生了诸多深度神经网络的模型，其中卷积神经网络、循环神经网络是两类典型的模型。卷积神经网络常被应用于空间性分布数据；循环神经网络在神经网络中引入了记忆和反馈，常被应用于时间性分布数据。深度学习框架是进行深度学习的基础底层框架，一般包含主流的神经网络算法模型，提供稳定的深度学习API，支持训练模型在服务器和GPU、TPU间的分布式学习，部分框架还具备在包括移动设备、云平台在内的多种平台上运行的移植能力，从而为深度学习算法带来前所未有的运行速度和实用性。目前主流的开源算法框架有TensorFlow、Caffe/Caffe2、CNTK、MXNet、PaddlePaddle、Torch/PyTorch、Theano等。

◎ 机器学习的常见算法还包括迁移学习、主动学习和演化学习等。

迁移学习

迁移学习是指当在某些领域无法取得足够多的数据进行模型训练时，利用另一领域数据获得的关系进行的学习。迁移学习可以把已训练好的模型参数迁移到新的模型指导新模型训练，可以更有效地学习底层规则、减少数据量。目前的迁移学习技术主要在变量有限的小规模应用中使用，如基于传感器网络的定位、文字分类和图像分类等。未来迁移学习将被广泛应用于解决更有挑战性的问题，如视频分类、社交网络分析、逻辑推理等。

主动学习

主动学习通过一定的算法查询最有用的未标记样本，并交由专家进行标记，然后用查询到的样本训练分类模型来提高模型的精度。主动学习能够选择性地获取知识，通过较少的训练样本获得高性能的模型，最常用的策略是通过不确定性准则和差异性准则选取有效的样本。

演化学习

演化学习对优化问题性质要求极少，只需能够评估解的好坏即可，适用于求解复杂的优化问题，也能直接用于多目标优化。演化算法包括粒子群优化算法、多目标演化算法等。目前针对演化学习的研究主要集中在演化数据聚类、对演化数据更有效的分类，以及提供某种自适应机制以确定演化机制的影响等。

拓展视野

人工智能、机器学习与深度学习的关系

如果用最简单的同心圆方法，可视化地展现出人工智能、机器学习与深度学习三者的关系和应用，可以得到三者的关系如图所示。

图 4-13 人工智能、机器学习、深度学习的关系

如果从学科的角度理解，深度学习可以看作人工智能的一个子学科，而深度学习又是机器学习现在比较火的一个方向。

机器学习与深度学习的比较

应用场景

机器学习在指纹识别、特征物体检测等领域的应用基本达到了商业化的要求。

深度学习主要应用于文字识别、人脸技术、语义分析、智能监控等领域。目前在智能硬件、教育、医疗等行业也在快速布局。

所需数据量

机器学习能够适应各种数据量特别是数据量较小的场景。如果数据量迅速增加，那么深度学习的效果将更加突出，这是因为深度学习算法需要大量数据才能完美理解。

执行时间

执行时间是指训练算法所需要的时间量。一般来说，深度学习算法需要大量时间进行训练。这是因为该算法包含有很多参数，训练它们需要比平时更长的时间。相对而言，机器学习算法的执行时间更少。

解决问题的方法

机器学习算法遵循标准程序解决问题，它将问题拆分成数个部分，对其进行分别解决，然后将结果结合起来以获得所需的答案。深度学习以集中方式解决问题，而不必进行问题拆分。

深度学习框架

飞桨（PaddlePaddle）

飞桨是国内唯一功能完备的端到端开源深度学习平台，集深度学习训练和预测框架、模型库、工具组件和服务平台为一体，拥有兼顾灵活性和高性能的开发机制、工业级应用效果的模型、超大规模并行深度学习能力、推理引擎一体化设计以及系统化服务支持五大优势，致力于让深度学习技术的创新与应用更简单。

TensorFlow

TensorFlow 是一个基于数据流编程（dataflow programming）的符号数学系统，被广泛应用于各类机器学习（machine learning）算法的编程实现，其前身是谷歌的神经网络算法库 DistBelief。

Tensorflow 拥有多层级结构，可部署于各类服务器、PC 终端和网页并支持 GPU 和 TPU 高性能数值计算，被广泛应用于谷歌内部的产品开发和各领域的科学研究。

TensorFlow 由谷歌人工智能团队谷歌大脑（Google Brain）开发和维护，拥有包括 TensorFlow Hub、TensorFlow Lite、TensorFlow Research Cloud 在内的多个项目以及各类应用程序接口（Application Programming Interface, API）。自 2015 年 11 月 9 日起，TensorFlow 依据阿帕奇授权协议（Apache 2.0 open source license）开放源代码。

2019 年 3 月，在谷歌 TensorFlow 开发者峰会上 TensorFlow 2.0 Alpha 版的正式发布。

TensorFlow 2.0 Alpha 版的一大亮点是在 API 方面的更新,其将 Keras API 指定为构建和训练深度学习模型的高级 API,并舍弃掉其他 API。

TensorFlow 2.0 Alpha 版另一个最明显的改变就是将用于机器学习的实验和研究平台——Eager execution 设置为默认优先模式

4.5.2 知识图谱

知识图谱本质上是结构化的语义知识库,是一种由节点和边组成的图数据结构,以符号形式描述物理世界中的概念及其相互关系,其基本组成单位是"实体—关系—实体"三元组,以及实体及其相关"属性—值"对。不同实体之间通过关系相互联结,构成网状的知识结构。在知识图谱中,每个节点表示现实世界的"实体",每条边表示实体与实体之间的"关系"。通俗地讲,知识图谱就是把所有不同种类的信息连接在一起而得到的一个关系网络,提供了从"关系"的角度去分析问题的能力。

在知识图谱里,我们通常用"实体(Entity)"来表达图里的节点、用"关系(Relation)"来表达图里的"边"。实体指的是现实世界中的事物比如人、地名、概念、药物、公司等,关系则用来表达不同实体之间的某种联系。比如,人"居住在"北京、张三和李四是"朋友"、逻辑回归是深度学习的"先导知识"等。

现实世界中的很多场景非常适合用知识图谱来表达。比如,一个社交网络图谱里,我们既可以有"人"的实体,也可以包含"公司"实体。人和人之间的关系可以是"朋友",也可以是"同事"关系。人和公司之间的关系可以是"现任职"或者"曾任职"的关系。

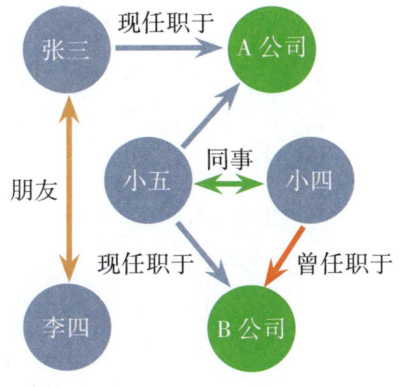

图 4-14 社交网络知识图谱

一个完整的知识图谱的构建包含以下几个步骤：定义具体的业务问题；数据的收集和预处理；知识图谱的设计；把数据存入知识图谱；上层应用的开发以及系统的评估。

知识图谱可用于反欺诈、不一致性验证、组团欺诈等公共安全保障领域，需要用到异常分析、静态分析、动态分析等数据挖掘方法。知识图谱在搜索引擎、可视化展示和精准营销方面有很大的优势，已成为业界的热门工具。但是，知识图谱的发展还面临很大的挑战，如数据的噪声问题，即数据本身有错误或者数据存在冗余等问题。随着知识图谱应用的不断深入，人类还需要突破一系列关键技术。

4.5.3 自然语言处理

自然语言处理是计算机科学领域与人工智能领域中的一个重要方向，研究能实现人与计算机之间用自然语言进行有效通信的各种理论和方法，涉及的领域较多，主要包括机器翻译、机器阅读理解和问答系统等。

机器翻译

机器翻译技术是指利用计算机技术实现从一种自然语言到另外一种自然语言的翻译过程。基于统计的机器翻译方法突破了之前基于规则和实例翻译方法的局限性，翻译性能取得巨大提升。基于深度神经网络的机器翻译在日常口语等场景的成功应用已经显现出了巨大的潜力。随着上下文的语境表征和知识逻辑推理能力的发展，自然语言知识图谱不断扩充，机器翻译将会在多轮对话翻译及篇章翻译等领域取得更大进展。

目前非限定领域机器翻译中性能较佳的一种是统计机器翻译，包括训练及解码两个阶段。训练阶段的目标是获得模型参数，解码阶段的目标是利用所估计的参数和给定的优化目标，获取待翻译语句的最佳翻译结果。统计机器翻译主要包括语料预处理、词对齐、短语抽取、短语概率计算、最大熵调序等步骤。基于神经网络的端到端翻译方法不需要针对双语句子专门设计特征模型，而是直接把源语言句子的词串送入神经网络模型，经过神经网络的运算，得到目标语言句子的翻译结果。在基于端到端的机器翻译系统中，通常采用递归神经网络或卷积神经网络对句子进行表征建模，从海量训练数据中抽取语义信息，与基于短语的统计翻译相比，翻译结果更加流畅自然，在实际应用中取得了较好的效果。

语义理解

语义理解技术是指利用计算机技术实现对文本篇章的理解，并且回答与篇章相关问题的过程。语义理解更注重于对上下文的理解以及对答案精准程度的把控。随着 MCTest 数据集的发布，语义理解受到更多关注，取得了快速发展，相关数据集和对应的神经网络模型层出不穷。语义理解技术将在智能客服、产品自动问答等相关领域发挥重要作用，进一步提高问答与对话系统的精度。

在数据采集方面，语义理解通过自动构造数据方法和自动构造填空型问题的方法来有效扩充数据资源。为了解决填充型问题，一些基于深度学习的方法相继提出，如基于注意力的神经网络方法。当前主流的模型是利用神经网络技术对篇章、问题建模，对答案的开始和终止位置进行预测，抽取出篇章片段。对于进一步泛化的答案，处理难度进一步提升，目前的语义理解技术仍有较大的提升空间。

问答系统

问答系统分为开放领域的对话系统和特定领域的问答系统。问答系统技术是指让计算机像人类一样用自然语言与人交流的技术。人们可以向问答系统提交用自然语言表达的问题，系统会返回关联性较高的答案。尽管问答系统目前已经有了不少应用产品出现，但大多是在实际信息服务系统和智能手机助手等领域中的应用，在问答系统鲁棒性方面仍然存在着问题和挑战。

自然语言处理面临着四大挑战：一是在词法、句法、语义和语音等不同层面存在不确定性；二是新的词汇、术语、语义和语法导致未知语言现象的不可预测性；三是数据资源的不充分使其难以覆盖复杂的语言现象；四是语义知识的模糊性和错综复杂的关联性难以用简单的数学模型描述，语义计算需要参数庞大的非线性计算。

实践任务

在微信小程序中利用"讯飞 AI 体验栈"的"自然语言处理"模块体验"文本翻译""随声译"等功能。

4.5.4 人机交互

人机交互主要研究人和计算机之间的信息交换，主要包括人到计算机和计算机到人的两部分信息交换，是人工智能领域的重要外围技术。人机交互是与认知心理学、人机工程学、多媒体技术、虚拟现实技术等密切相关的综合学科技术。传统的人与计算机之间的信息交换主要依靠交互设备进行，包括键盘、鼠标、操纵杆、眼动跟踪器、位置跟踪器、数据手套、压力笔等输入设备，以及打印机、绘图仪、显示器、头盔式显示器、音箱等输出设备。人机交互技术除了传统的基本交互和图形交互外，还包括语音交互、情感交互、体感交互及脑机交互等技术。

语音交互

语音交互是一种高效的交互方式，是人以自然语音或机器合成语音同计算机进行交互的综合性技术，结合了语言学、心理学、工程和计算机技术等领域的知识。语音交互不仅要对语音识别和语音合成进行研究，还要对人在语音通道下的交互机理、行为方式等进行研究。语音交互过程包括四部分：语音采集、语音识别、语义理解和语音合成。语音采集完成音频的录入、采样及编码；语音识别完成语音信息到机器可识别的文本信息的转化；语义理解根据语音识别转换后的文本字符或命令完成相应的操作；语音合成完成文本信息到声音信息的转换。作为人类沟通和获取信息最自然便捷的手段，语音交互比其他交互方式具备更多优势，能为人机交互带来根本性变革，是大数据和认知计算时代未来发展的制高点，具有广阔的发展前景和应用前景。

情感交互

情感是一种高层次的信息传递，而情感交互是一种交互状态，它在表达功能和信息时传递情感，勾起人们的记忆或内心的情愫。传统的人机交互无法理解和适应人的情绪或心境，缺乏情感理解和表达能力，计算机难以具有类似人一样的智能，也难以通过人机交互做到真正的和谐与自然。情感交互就是要赋予计算机类似于人一样的观察、理解和生成各种情感的能力，最终使计算机像人一样能进行自然、亲切和生动的交互。情感交互已经成为人工智能领域中的热点方向，旨在让人机交互变得更加自然。目前，在情感交互信息的处理方式、情感描述方式、情感数据获取和处理过程、情感表达方式等方面还有诸多技术挑战。

体感交互

体感交互是个体不需要借助任何复杂的控制系统，以体感技术为基础，直接通过肢体动作与周边数字设备装置和环境进行自然的交互。依照体感方式与原理的不同，体感技术主要分为三类：惯性感测、光学感测以及光学联合感测。体感交互通常由运动追踪、手势识别、运动捕捉、面部表情识别等一系列技术支撑。与其他交互手段相比，体感交互技术无论是硬件还是软件方面都有了较大的提升，交互设备向小型化、便携化、使用方便化等方面发展，大大降低了对用户的约束，使得交互过程更加自然。目前，体感交互在游戏娱乐、医疗辅助与康复、全自动三维建模、辅助购物、眼动仪等领域有了较为广泛的应用。

脑机交互

脑机交互又称为脑机接口，指不依赖于外围神经和肌肉等神经通道，直接实现大脑与外界信息传递的通路。脑机接口系统检测中枢神经系统活动，并将其转化为人工输出指令，能够替代、修复、增强、补充或者改善中枢神经系统的正常输出，从而改变中枢神经系统与内外环境之间的交互作用。脑机交互通过对神经信号解码，实现脑信号到机器指令的转化，一般包括信号采集、特征提取和命令输出三个模块。从脑电信号采集的角度，一般将脑机接口分为侵入式和非侵入式两大类。除此之外，脑机接口还有其他常见的分类方式：按照信号传输方向，可分为脑到机、机到脑和脑机双向接口；按照信号生成的类型，可分为自发式脑机接口和诱发式脑机接口；按照信号源的不同，还可分为基于脑电的脑机接口、基于功能性核磁共振的脑机接口以及基于近红外光谱分析的脑机接口。

拓展视野

人机交互、交互设计与用户体验设计的关系

人机交互（Human-Computer Interaction，HCI）：是指人与计算机之间使用某种对话语言，以一定的交互方式，为完成确定任务的人与计算机之间的信息交换过程。

交互设计（Interaction Design）：是指设计人和产品或服务互动的一种机制，以用户体验为基础进行的人机交互设计是要考虑用户的背景、使用经验以及在操作过程中的感受，从而设计符合最终用户的产品，使得最终用户在使用产品时愉悦、符合自己的逻辑、有效完成并且是高效使用产品。

用户体验（User Experience，UE 或 UX）：是指用户访问一个网站或者使用一个产品时的全部体验，如他们的印象和感觉、是否成功、是否享受、是否还想再来/使用。

在现阶段，交互设计、用户体验、人机交互都有研究人和外界环境关系的含义，但相对而言交互设计研究的是人和产品互动的机制。人机交互研究的是人和计算机的对话过程，用户体验研究的是研究用户访问产品时的体验。从研究对象广度上说：用户体验 > 人机交互 > 交互设计。这三者既有相似之处，也有不同之处，如图 4-15 所示。

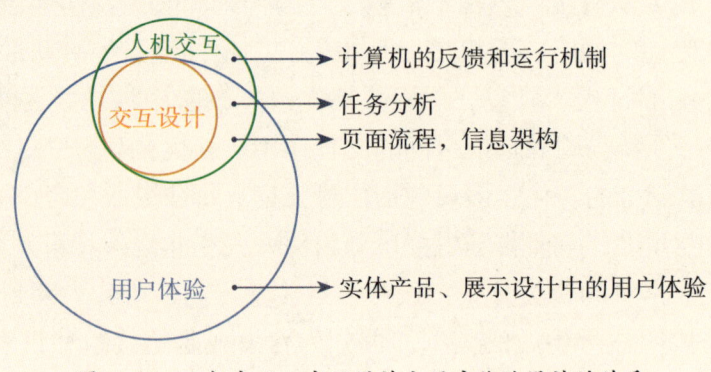

图 4-15　人机交互、交互设计和用户体验设计的关系

4.5.5 计算机视觉

计算机视觉是使用计算机模仿人类视觉系统的科学技术，让计算机拥有类似人类提取、处理、理解和分析图像以及图像序列的能力。自动驾驶、机器人、智能医疗等领域均需要通过计算机视觉技术从视觉信号中提取并处理信息。近年来，随着深度学习的发展，预处理、特征提取与算法处理渐渐融合，形成了端到端的人工智能算法技术。根据解决的问题，计算机视觉可分为计算成像学、图像理解、三维视觉、动态视觉和视频编解码五大类。

计算成像学

计算成像学是探索人眼结构、相机成像原理以及其延伸应用的科学。在相机成像原理方面，计算成像学不断促进现有可见光相机的完善，使得现代相机更加轻便，可以适用于不同场景。同时，计算成像学也推动着新型相机的产生，使相机超出可见光的限制。在相机应用科学方面，计算成像学可以提升相机的能力，从而通过后续的算法处理使得在受限条件下拍摄的图像更加完善，如图像去噪、去模糊、暗光增强、去雾霾等，以及实现新的功能，如全景图、软件虚化、超分辨率等。

图像理解

图像理解是通过用计算机系统解释图像，实现类似人类视觉系统理解外部世界的一门科学。根据理解信息的抽象程度，通常可分为三个层次：浅层理解，包括图像边缘、图像特征点、纹理元素等；中层理解，包括物体边界、区域与平面等；高层理解，根据需要抽取的高层语义信息，可大致分为识别、检测、分割、姿态估计、图像文字说明等。目前高层图像理解算法已逐渐广泛应用于人工智能系统，如刷脸支付、智慧安防、图像搜索等。

三维视觉

三维视觉即研究如何通过视觉获取三维信息（三维重建）以及如何理解所获取的三维信息的科学。三维重建可以根据重建的信息来源，分为单目图像重建、多目图像重建和深度图像重建等。三维信息理解，即使用三维信息辅助图像理解或者直接理解三维信息。三维信息理解可分为三层：浅层如角点、边缘、法向量等；中层如平面、立方体等；高层如物体检测、识别、分割等。三维视觉技术可以广泛应用于机器人、无人驾驶、智慧工厂、虚拟/增强现实等方向。

动态视觉

动态视觉即分析视频或图像序列，模拟人处理时序图像的科学。通常动态视觉问题可以定义为寻找图像元素，如像素、区域、物体在时序上的对应，以及提取其语义信息的问题。动态视觉研究被广泛应用在视频分析以及人机交互等方面。

视频编解码

视频编解码是指通过特定的压缩技术，将视频流进行压缩。视频流传输中最为重要的编解码标准有国际电联的 H.261、H.263、H.264、H.265、M-JPEG 和 MPEG 系列标准。视频压缩编码主要分为两大类：无损压缩和有损压缩。无损压缩指使用压缩后的数据进行重构时，重构后的数据与原来的数据完全相同，如磁盘文件的压缩。有损压缩也称为不可逆编码，指使用压缩后的数据进行重构时，重构后的数据与原来的数据有差异，但不会影响人们对原始资料所表达的信息产生误解。有损压缩的应用范围广泛，如视频会议、可视电话、视频广播、视频监控等。

目前，计算机视觉技术发展迅速，已具备初步的产业规模。未来计算机视觉技术的发展主要面临以下挑战：一是如何在不同的应用领域和其他技术更好地结合。计算机视觉在解决某些问题时可以广泛利用大数据，已经逐渐成熟并且可以超过人类，而在某些问题上却无法达到很高的精度。二是如何降低计算机视觉算法的开发时间和人力成本。目前，计算机视觉算法需要大量的数据与人工标注，需要较长的研发周期以达到应用领域所要求的精度与耗时。三是如何加快新型算法的设计开发。随着新的成像硬件与人工智能芯片的出现，针对不同芯片与数据采集设备设计与开发计算机视觉算法也是挑战之一。

 **拓展视野**

计算机视觉、图像处理和模式识别的关系

计算机视觉：用计算机来模拟人的视觉机理获取和处理信息的能力，计算机是图像的解释者。

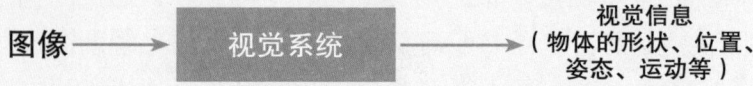

图 4-16　计算机视觉系统的工作模式

图像处理：用计算机对图像进行分析，以达到所需结果的技术。又称影像处理。人是图像的解释者。

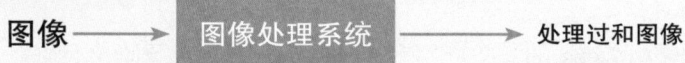

图 4-17　图像处理系统的工作模式

模式识别：根据图像从图像中抽取的统计特性或结构信息，把图像分成设定的类别。

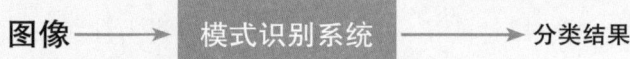

图 4-18　模式识别系统的工作模式

要实现计算机视觉，必须有图像处理的帮助，而图像处理则依仗模式识别的有效运用，计算机视觉、图像处理、模式识别都是人工智能领域的关键技术，它们之间的关系如图 4-16 所示。

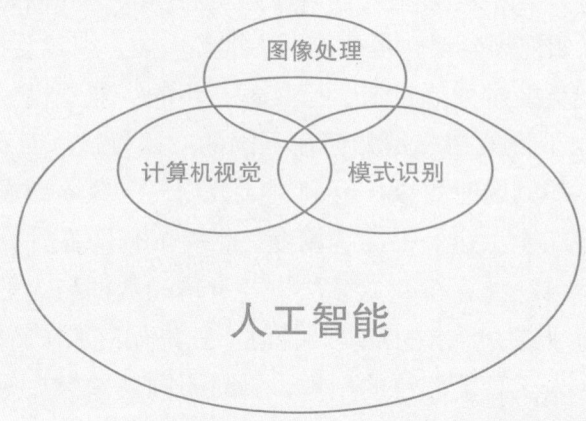

图 4-19　计算机视觉、图像处理和模式识别的关系

4.5.6 生物特征识别

生物特征识别技术是指通过个体生理特征或行为特征对个体身份进行识别认证的技术。从应用流程看，生物特征识别通常分为注册和识别两个阶段。注册阶段通过传感器对人体的生物表征信息进行采集，如利用图像传感器对指纹和人脸等光学信息、利用麦克风对说话声等声学信息进行采集，利用数据预处理以及特征提取技术对采集的数据进行处理，得到相应的特征进行存储。识别过程采用与注册过程一致的信息采集方式对待识别人进行信息采集、数据预处理和特征提取，然后将提取的特征与存储的特征进行比对分析，完成识别。从应用任务看，生物特征识别一般分为辨认与确认两种任务，辨认是指从存储库中确定待识别人身份的过程，是一对多的问题；确认是指将待识别人信息与存储库中特定单人信息进行比对从而确定身份的过程，是一对一的问题。

生物特征识别技术涉及的内容十分广泛，包括指纹、掌纹、人脸、虹膜、指静脉、声纹、步态等多种生物特征，其识别过程涉及图像处理、计算机视觉、语音识别、机器学习等多项技术。目前，生物特征识别作为重要的智能化身份认证技术，在金融、公共安全、教育、交通等领域得到了广泛的应用。

 **拓展视野**

指纹识别

指纹识别过程通常包括数据采集、数据处理、分析判别三个过程。数据采集通过光、电、力、热等物理传感器获取指纹图像；数据处理包括预处理、畸变校正、特征提取三个过程；分析判别是对提取的特征进行分析判别的过程。

人脸识别

人脸识别是典型的计算机视觉应用，从应用过程来看，可将人脸识别技术划分为检测定位、面部特征提取以及人脸确认三个过程。人脸识别技术的应用主要受到光照、拍摄角度、图像遮挡、年龄等多个因素的影响，在约束条件下人脸识别技术相对成熟，在自由条件下人脸识别技术还在不断改进。

虹膜识别

虹膜识别的理论框架主要包括虹膜图像分割、虹膜区域归一化、特征提取和识别四个部分，研究工作大多是基于此理论框架发展而来。虹膜识别技术应用的主要难题包含传感器和光照影响两个方面：一方面，由于虹膜尺寸小且受黑色素遮挡，需在近红外光源下采用高分辨图像传感器才可清晰成像，对传感器质量和稳定性要求比较高；另一方面，光照的强弱变化会引起瞳孔缩放，导致虹膜纹理产生复杂形变，增加了匹配的难度。

指静脉识别

指静脉识别是利用了人体静脉血管中的脱氧血红蛋白对特定波长范围内的近红外线有很好的吸收作用这一特性，采用近红外光对指静脉进行成像与识别的技术。由于指静脉血管分布随机性很强，其网络特征具有很好的唯一性，且属于人体内部特征，不受外界影响，因此模态特性十分稳定。指静脉识别技术应用面临的主要难题来自成像单元。

声纹识别

声纹识别是指根据待识别语音的声纹特征识别说话人身份的技术。声纹识别技术通常可以分为前端处理和建模分析两个阶段。声纹识别的过程是将某段来自某个人的语音经过特征提取后，与多复合声纹模型库中的声纹模型进行匹配，常用的识别方法有模板匹配法、概率模型法等。

步态识别

步态是远距离复杂场景下唯一可清晰成像的生物特征。步态识别是指通过身体体型和行走姿态来识别人的身份的技术。相比上述几种生物特征识别，步态识别的技术难度更大，体现在其需要从视频中提取运动特征，以及需要更高要求的预处理算法，但具有远距离、跨角度、光照不敏感等优势。

模块检测

1. 什么是人工智能？人工智能研究的基本内容是什么？

2. 人工智能经历了几次浪潮，并简要分析兴衰的原因。

3. 简要说明人工智能重获新生的原因。

4. 人工智能主要有哪几个主流学派？各自观点是什么？

5. 利用人工智能网站继续学习人工智能相关的知识，并撰写一篇题为"我与人工智能"的学习报告。

模块 5

AI 重新定义一切：
悄悄改变的生产与生活

模块学习导读

人工智能改变了人机交互方式、分析决策方式、环境感知与互动。人类与机器的交互方式不再局限于键盘、鼠标、显示屏等方式，现在的机器越来越聪明，不仅可以将语音转化为文字，还可以理解文字的含义，包括不同的语言、不同的方言。将来的机器还可以察言观色，看懂人的手势、眼神，甚至直接读懂人的想法。通过机器学习，AI可以从观测数据（样本）出发寻找规律，利用这些规律对未来数据或无法观测的数据进行预测并做出专家级决策。智能机器现在不仅具有视觉、听觉、触觉、嗅觉等感知能力，还可以借助各种传感器对环境做出全方位的认知。通过机械臂、自动装置等执行单元快速、高效地与周围环境互动。这些必将深刻地改变人类的生产与生活方式，使低成本的个性化服务成为可能。

本模块主要通过多个行业应用案例为同学们分析人工智能是如何改变生产和生活的。通过本模块的学习，让学习者对人工智能有一个更加直观的认识，能够运用常用的人工智能工具方便日常生活和学习，能够将常用的人工智能工具应用到所学专业领域。

模块学习目标

知识目标

1. 了解人工智能技术在安防中的应用；
2. 了解人工智能技术如何为医疗行业赋能；
3. 了解人工智能技术如何为金融行业带来变革；
4. 了解人工智能技术如何为教育效果和效率赋能；
5. 了解人工智能技术如何给制造业带来创新和变革。

能力目标

1. 能够使用所学人工智能知识设计生活中给定场景的优化方案；
2. 能够使用所学人工智能知识重新定义所学专业领域给定的业务场景。

5.1 智能安防：AI 让我们的生活更安全

智能安防技术是一种利用人工智能对视频、图像进行存储和分析，从中识别安全隐患并对其进行处理的技术。智能安防与传统安防的最大区别在于智能化，传统安防对人的依赖性比较强，非常耗费人力，而智能安防能够通过机器实现智能判断，从而尽可能实现实时的安全防范和处理。

当前，高清视频、智能分析等技术的发展，使得安防从传统的被动防御向主动判断和预警发展，行业也从单一的安全领域向多行业应用发展，进而提升生产效率并提高生活智能化程度，为更多的行业和人群提供可视化及智能化方案。用户面对海量的视频数据，已无法简单利用人海战术进行检索和分析，需要采用人工智能技术作为专家系统或辅助手段，实时分析视频内容，探测异常信息，进行风险预测。从技术方面来讲，目前国内智能安防分析技术主要集中在两大类：一类是采用画面分割前景提取等方法对视频画面中的目标进行提取检测，通过不同的规则来区分不同的事件，从而实现不同的判断并产生相应的报警联动等，如区域入侵分析、打架检测、人员聚集分析、交通事件检测等应用；另一类是利用模式识别技术，对画面中特定的物体进行建模，并通过大量样本进行训练，从而达到对视频画面中的特定物体进行识别，如车辆检测、人脸检测、人头检测（人流统计）等应用。

智能安防目前涵盖众多的领域，如街道社区、道路、楼宇建筑、机动车辆的监控，移动物体的监测等。今后，智能安防还要解决海量视频数据分析、存储控制及传输问题，将智能视频分析技术、云计算及云存储技术结合起来，构建智慧城市下的安防体系。

安防行业的 AI 应用场景分为卡口场景和非卡口场景，前者指光线、角度等条件可控的应用场景，以车辆卡口及人脸卡口为主；后者指普通治安监控视频场景。其中，卡口场景占监控摄像机总量的 1%—3%，剩余的均为非卡口场景监控视频。

5.1.1 人脸身份确认

人脸身份确认应用以公安人员布控为代表，在关键点位部署人脸抓拍摄像机，通过后端人脸识别服务器对抓拍到的人脸进行分析识别，同时与人脸黑名单库进行比对。

随着摄像机部署得越来越全面，以及人员布控应用技术的增强，人员布控功能已经初显效果。例如，2018 年张学友巡回演唱会中通过人脸身份确认技术，共抓获逃犯 60 余人：

2018 年 4 月 7 日，演唱会南昌站，首个逃犯在现场落网；

2018年5月5日，演唱会赣州站开场安检过程中，成功抓获一名网上逃犯；
2018年5月20日，演唱会嘉兴站开场安检过程中，成功抓获一名逃犯；
2018年6月9日，演唱会金华站，两名逃犯落网；
2018年7月6日，演唱会呼和浩特站，一名全国在逃人员落网；
2018年7月8日，演唱会洛阳站，洛阳警方又成功拿下一名逃犯；
2018年9月21日，演唱会遂宁站，共计抓捕十余名逃犯；
2018年9月28日，演唱会石家庄站，现场三名逃犯落网；
2018年9月30日，演唱会咸阳站，咸阳警方成功抓获五名逃犯；
……

人脸动态布控应用中主要利用人脸抓拍摄像机从高清视频画面中抓拍人脸照片，即时分析人脸特征，快速完成抓拍人脸与黑名单库人脸的比对并实现报警提示。报警后可结合人脸静态大库，将抓拍到的人脸在静态大库中进行人员身份信息查询，最终输出 Top N，经过人工研判后即可判定是否为在逃的违法犯罪分子，通过指挥调度实现对犯罪分子的"围追堵截"直至将其抓捕归案。类似的应用还有很多。

另外，通过人脸识别系统的过人抓拍库，还可以查询人员行走轨迹，如可以借助人脸识别系统寻找走失的老人、儿童等，实现便民服务。

拓展视野

百度 AI 开放平台的人脸检测与属性分析功能

检测图片中的人脸并标记出人脸坐标，支持同时识别多张人脸。准确识别多种人脸属性信息，包括年龄、性别、种族、颜值、表情、情绪、脸型、头部姿态、是否闭眼、是否戴眼镜、人脸质量信息及类型等。精准定位包括脸颊、眉、眼、口、鼻等人脸五官及轮廓的 150 个关键点。分析检测到的人脸的情绪，并返回置信度分数，目前可识别愤怒、厌恶、恐惧、高兴、伤心、惊讶、无情绪等 7 种情绪。分析图片中人脸的遮挡度、模糊度、光照强度、姿态角度、完整度、大小等特征，确保图片符合质量标准，保障后续人脸对比、搜索的准确性。基于单张图片中人像的破绽（摩尔纹、成像畸形等），判断图片是否为二次翻拍，过滤检测其中不符合标准的人脸。

典型应用场景：智能会员管理，基于人脸检测与追踪功能，摄像头实时捕捉进入店铺的客户人脸，识别如年龄、性别、颜值等属性特征，对顾客画像自动分类，结合客户消费记录等信息,提供更精准的客群分层流量分析;同时,结合产品促销信息,根据不同客群的属性,提供更生动的互动营销体验,提升顾客满意度,促进购物消费转化;智慧校园管理,将人脸识别技术应用于摄像头监控,对学生、教职工及陌生人进行实时检测定位,解决校园安防监控、校内考勤、学生自助服务、课堂专注度分析等场景的需求,打造智能化校园细分管理,提升校园生活体验和安全性;人脸特效美颜,基于150关键点识别,对人脸五官及轮廓自动精准定位,可自定义对人脸特定位置进行修饰美颜;同时获取表情、情绪等人脸属性信息,实现特效相机、动态贴纸等互动娱乐功能;互动娱乐营销,基于人脸检测和属性分析,精准识别图片中人脸150个关键点信息,实现多种线上互动娱乐营销模式,如脸缘测试、名人换脸、颜值比拼等,提升用户体验趣味性,有助于娱乐产品的市场推广。

图 5-1 本地上传图片

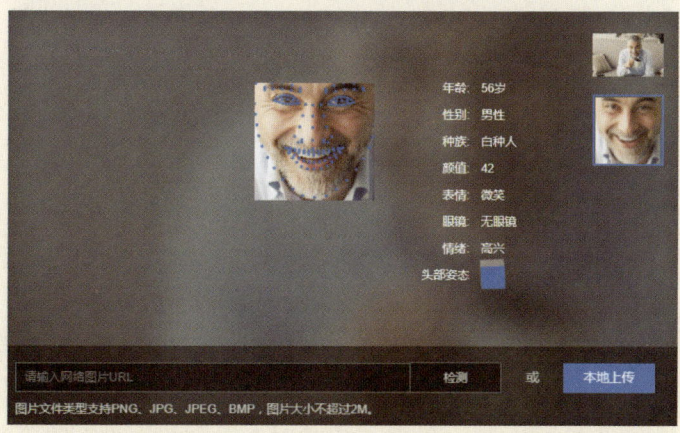

图 5-2 分析结果

实践任务

体验腾讯 AI 开放平台的人脸检测与属性分析功能。

5.1.2 人脸身份验证

人脸身份验证应用逐渐普遍。常见的人脸白名单应用已经在很多行业落地，比如人脸门禁、人脸速通门、人脸考勤、人员身份确认等，广泛应用于企业、各类园区等场景。除实现基础的人脸识别应用外，人脸门禁还可以防止通过照片、视频等人脸假冒行为，切实保障出入口人员安全管控及日常人员管理等。

百度 AI 开放平台的人脸搜索功能

给定一张照片，与指定人脸库中的 N 个人脸进行比对，找出最相似的一张脸或多张人脸。根据待识别人脸与现有人脸库中的人脸匹配程度，返回用户信息和匹配度，即 1：N 人脸检索。可用于用户身份识别、身份验证相关场景。1：N 识别：在指定人脸集合中，进行直接地人脸检索操作，根据待识别人脸与现有人脸库中的人脸匹配程度，返回对应的用户信息和匹配分值。1：N 认证：基于 uid，在人脸库中先调取这个 uid 对应的人脸，再在这个 uid 下的人脸集合中进行检索（通常变为了 1：1 对比），返回对应的用户信息和匹配分值。M：N 识别：待识别的图片中存在多张人脸的情况下，支持在一个人脸集合中，一次请求，同时返回图片中所有人脸对应的用户信息和匹配分值。图片活体检测：识别接口都具备活体检测能力，通过对图片的破绽分析，检测图片是否为二次翻拍（即用拍摄别人的图片来请求识别），防止作弊识别等情况。

典型应用场景：门禁闸机，通过人脸识别，快速为用户录入人脸信息，用户需要通行时，只需简单地进行人脸验证，即可完成身份信息确认，实现企业、商业、住宅等多种场景的刷脸进门，提升安全性、效率和用户体验；签到考勤，与会人员、公司员工或学员等预先录入人脸，在需要验证身份时，实现刷脸签到、考勤打卡、学员登记等操作,提升业务处理效率及用户体验;安防监控,在银行、机场、商场、市场等人流密集的公共场所对人群进行监控,实现人流自动统计、特定人物的自动识别和追踪;学校宿舍管理,实时采集学校宿舍中学生的出入信息,了解学生的作息情况和在校情况,同时通过进行陌生人识别提高宿舍安全性。

图 5-3　人脸搜索功能

实践任务

体验腾讯 AI 开放平台的人脸对比和跨年龄人脸识别功能。

5.1.3　车辆识别

车辆识别技术是公安实战中应用最成熟、效果最明显的技术之一。借助遍布全国各地交通要道的车辆卡口,车牌识别使得"以车找人"成为现实,成功协助警方破获各类案件。车辆识别技术已经从初级的基于车牌的车辆识别应用阶段,发展到车型识别、套牌车识别等精准识别应用阶段。

 拓展视野

百度 AI 开放平台的车型识别功能

识别车辆的具体车型，以小汽车为主，输出图片中主体车辆的品牌、型号、年份、颜色、百科词条信息。检测图片中的主体车辆位置，识别车辆品牌型号、年份、颜色信息，可识别近 3000 款常见车型（小汽车为主）。可返回对应识别结果的百度百科词条信息，包含词条名称、百科页面链接、百科图片链接、百科内容简介。

典型应用场景：拍照识车，根据拍摄照片快速识别图片中车辆的品牌型号，提供针对性的信息或服务，可用于相册管理、图片分类打标签、电子汽车说明书、一键拍照租车等场景；智能卡口，监控高速路闸口、停车场出入口的进出车辆，识别详细车型信息，结合车牌、车辆属性对车辆身份进行校验，形成车辆画像。

图 5-4　车型识别功能

 实践任务

体验百度 AI 开放平台的车牌识别功能。

5.1.4 行为分析辅助安防

行为分析可辅助安防应用。通过行为分析系统对人员的异常行为进行分析处理，可应用于重点区域防范、重要物品监视、可疑危险物品遗留等行为的机器识别；也可对人员的异常行为进行报警，极大提升了视频监控的应用效率。

另外，还可以实现对群体的态势分析，如人群密度分析、人员聚集分析等，对重点区域或人员聚集较多的场所态势进行分析，防止非法集会事件发生，做到提前预警、及时处置。

 拓展视野

百度 AI 开放平台的驾驶行为分析功能

针对车载场景，识别驾驶员使用手机、抽烟、不系安全带、双手离开方向盘等动作姿态，分析预警危险驾驶行为，提升行车安全性。识别图像中是否有人体（驾驶员），若检测到多个人体，则将目标最大的人体作为驾驶员，返回坐标位置。检测到驾驶员后，进一步识别行为属性，可识别使用手机、抽烟、不系安全带、双手离开方向盘、视角未朝前方等行为。

典型应用场景：营运车辆驾驶监测，针对出租车、客车、公交车、货车等各类营运车辆，实时监控车内情况，识别驾驶员抽烟、使用手机、未系安全带等危险行为，及时预警，降低事故发生率，保障人身财产安全；社交内容分析审核，汽车类论坛、社区平台，对配图库以及用户上传的 UGC 图片进行分析识别，自动过滤出涉及危险驾驶行为的不良图片，有效减少人力成本并降低业务违规风险。

图 5-5　驾驶行为分析功能

实践任务

选择一个安防场景，查阅相关资料，完成其AI解决方案。

5.2 智能医疗：AI正在成为医生的得力助手

无论是对中国还是对世界其他各国来说，人口老龄化加剧、慢性病患者群体增长、优质医疗资源紧缺、公共医疗费用攀升等，都是必须要面对的问题。随着技术的发展，人们逐渐开始寄希望于通过人工智能来应对医疗行业的痛点。其实，人工智能从产生的第一天起就与医学密不可分。医疗人工智能是人工智能技术在医疗领域的运用与发展，其应用主要表现在智能诊断、智能影像识别、智能健康管理、智能药物研发、智能疾病预测、医疗机器人等方面。通过人工智能在医疗领域的应用，可以提高医疗诊断准确率与效率；提高患者自诊比例，降低对医生的需求量；辅助医生进行病变检测，实现疾病早期筛查；大幅提高新药研发效率，降低制药时间与成本。

5.2.1 智能医学影像

在医疗诊断中，影像的价值是无可取代的，大部分医疗数据需要医生通过影像来判断病理情况、手术方案、用药风险等。但在临床应用中，医学影像解读高度依赖于医生经验，具有较大的主观性；医生数量的不足导致放疗科和病理科医生的工作量繁重，超负荷工作也会导致误诊率和漏诊率提高。因此，寻求客观、有效的评估方法是重要的研究方向。使用"医学影像+AI"能更全面地获取病号的病灶信息，降低误诊和漏检概率，具有重要的临床意义。

人工智能和医学影像结合，能够为医生阅片提供辅助和参考，大大节约医生时间，提高诊断、放疗及手术的精度，主要体现在以下几个方面：一是病灶筛查，针对X线、CT、核磁共振等医学影像的病灶自动识别与标注系统，可大幅提升影像医生诊断效率，同时可以帮助医生发现难以用肉眼发现和判断的早期病灶，降低假阴性诊断结果的发生概率。二是靶区自动勾画，靶区自动勾画及自适应放疗产品帮助放疗科医生对若干CT片进行自动勾画，在患者上机照射过程中间不断识别病灶位置变化以达到自适应放疗，可有效减少射线对病人健康组织的伤害。三是影像三维重建，基于灰度统计量的配准算法和基于特征点的配准算法，可解决断层图像配准问题，节省配准时间，提高配准效率。

对于患者来说，"AI+ 医学影像"将帮助其更快速地完成健康检查，包括 X 光、B 超、核磁共振等，且能够获得更加可靠的诊断结果。对于放射科医生来说，人工智能技术的应用将减少其读片的时间，降低误诊可能性。对于医院来说，可以实现云平台支持，系统性地降低医院成本，特别是对于基层医院，以往提供的影像诊疗质量较低甚至不能提供，而现在可以通过"AI+ 医学影像"提供较高水平的影像服务，有助于整体诊疗水平的大幅提升。

拓展视野

AI 识别先天性白内障研究

受到谷歌 DeepMind 发表论文的启发，我国中山大学中山眼科中心的眼科医生林浩添和他的同事萌生出创建一个人工智能平台挖掘他们在先天性白内障治疗临床数据的想法，达到筛查和辅助诊断的目的。他们联合西安电子科技大学刘西洋教授，利用 ILSVRC 2014（ImageNet Large Scale Visual Recognition Challenge of 2014）的冠军模型建立识别先天性白内障的深度学习模型，取名为 CC-Cruiser。训练 CC-Cruiser 的图片集，研究者采用了来自中国的儿童白内障计划（CCPMOH）例行检查的部分图片，包括 410 幅不同严重程度的先天性白内障儿童患者的眼部图像、476 幅正常儿童眼睛图像。所有图片均由两名有经验的眼科医师独立地进行分类和描述，第 3 名眼科医师对分歧案例提供咨询。这 3 名人类医师是没有接触过 CC-Cruiser 的。

完成训练后，CC-Cruiser 基本具备 3 个功能：筛查患有先天性白内障的患者；对患者进行危险评估；协助眼科医师进行治疗决策。

研究者对 CC-Cruiser 进行了 5 次测试。在计算机模拟测试中，CC-Cruiser 筛查先天性白内障患者的准确率为 98.87%。在危险评估功能中，3 个指标（晶状体的不透明面积、深浅和位置）判断的准确率为 93.98%、95.06% 和 95.12%。在辅助决策，给眼科医师提供建议的准确率为 97.56%。为了进一步探讨 CC-Cruiser 的通用性和实用性，研究者选择 3 家非眼科的医院进行测试，两家医院在广州市，一家在清远市，因为研究者希望 CC-Cruiser 最终帮助的对象就是这些缺乏现场眼科医生的医院。在 57 幅儿童眼部图片中，筛查的准确率为

98.25%。危险评估的3项指标的准确率分别100%、92.86%和100%。辅助决策的准确率为92.86%。

在和人类眼科医师的比较测试中，CC-Cruiser 表现也非常出色。专家小组包括3名眼科医师，一名拥有十年经验的眼科专家、一名已经完成眼科临床培训和具体培训的主管医生，以及一名完成理论学习并开始临床实践的新手医生。在50例图像中，CC-Cruiser 找出了所有先天性白内障患者。而3名眼科医师在第3例图片上都犯了错误——误将图片的高光区域诊断为先天性白内障。在危险评估和辅助决策中，CC-Cruiser 表现也不错，对所有需要进行手术的患者都给予了正确的治疗建议。因此，研究者认为 CC-Cruiser 可以称得上是一个"合格的眼科医生"。

5.2.2 智能健康管理

人工智能在医疗领域得以迅速应用和发展的关键，实际上在于医疗大数据的积累和数据库的发展。而这些数据并不仅仅产生于医学影像的获得或者医院诊断的信息录入，还可以在人们的日常生活中随时随地产生。因此，未来的医疗大数据实际上是在人们对自身进行日常健康管理的过程中产生和集中起来的。在此基础上，通过人工智能的算法，人们不仅可以对个人的健康状况进行精准化的把握，还可以通过大数据把握传染性和季节性疾病的发展状况，从而做出相应的应对措施。这是人工智能与人类日常生活融合最为密切的领域，可以为人类提供高质量、智能化与日常化的医疗护理服务。

"AI+健康管理"主要集中在健康风险识别、AI 护士、精神健康、在线问诊、健康干预等方面。

健康风险识别：通过获取相关数据并运用 AI 进行分析，识别疾病发生的风险并提供降低风险的措施。在获取大量患者电子病历和病理生理学等数据的基础上，绘制出患病风险随时间变化的轨迹。

AI 护士：以"护士"身份了解病人饮食习惯、锻炼周期、服药习惯等个人生活习惯，运用 AI 技术进行数据分析并评估患者整体状态，协助规划日常生活。例如，针对慢病患者，基于可穿戴设备、智能手机、电子病历等多渠道数据的整合，能做到综合评估患者的病情，提供个性化健康管理方案，帮助患者规划日常健康安排，监控睡眠，提供药物和测试提醒。

精神健康：运用 AI 技术从语言、表情、声音等数据进行情感识别。例如，通过挖掘用户智能手机数据来发现用户精神健康的微弱波动，推测用户生活习惯是否发生了变化，根据用户习惯来主动对用户提问。当情况变化时，会推送报告给用户身边的亲友甚至医生。

在线医疗：结合 AI 技术提供远程医疗服务。例如，运用在线就诊 AI 系统，能够基于用户既往病史和用户与在线 AI 系统对话时所列举的症状，给出初步诊断结果和具体应对措施；使用远程用药提醒服务，可以通过手机终端，使医生知晓并提醒患者用药，降低因不按时吃药导致复发的风险。

健康干预：运用 AI 对用户体征数据进行分析，订制健康管理计划。例如，运用 AI 技术分析来源于可穿戴设备的用户体征数据，提供个性化的生活习惯干预和预防性健康管理计划。

Welltok

Welltok 的 CaféWell 优化健康平台结合 Silverlink 的积极联系技术平台和服务，将能使人口保健经理，包括医疗保健计划、风险供应商、政府计划（医疗保险和公共医疗补助）和大型雇主，在个人层面上接触和影响所有类型的消费者。此外，它甚至还为每一个用户创建多渠道的个性化健康路线，让消费者透过偏好的形式，包括穿戴式设备、电邮、网站、移动电话或短信进行沟通。

5.2.3 智能药物研发

利用传统手段研发药物需要进行大量的模拟测试，周期长、成本高。之所以会出现这样的状况，主要在于医药研发过程中的效率非常低、化合物的筛选随机性非常高、时间周期非常长、从研发到上市过程中有太多可能失败的点等。根据塔夫斯大学（Tufts University）药物开发研究中心 30 多年来的统计数据，目前每一种新药的研发成本大约为 26 亿美元，平均耗时 14 年。以深度学习为代表的新一轮人工智能技术，不断应用于金融、医疗、安防、交通等行业。而医药作为数字化程度较高的行业，人工智能已成功应用于药物开发的所有主要阶段。

确定干预目标

药物开发的第一步是了解疾病的生物学起源及其抗性机制。要治疗疾病,确定合适的目标(通常是蛋白质)是至关重要的。高通量技术的广泛应用,如短发夹RNA(shRNA)筛选和深度测序,已经增加了用于发现可行目标途径的数据量。但是,整合大量多样化数据源后找到相关模式仍是一个挑战。众所周知,机器学习算法在这些任务中表现良好,并且能处理所有可用数据以自动预测合适的目标蛋白质。

发现候选药物

确定目标后,研究人员需要寻找一种化合物,它能以理想的方式与所确定的目标分子相互作用。此过程包括筛选成千上万种潜在的天然、合成或生物工程化合物,以了解它们对目标的影响及其副作用。机器学习算法可以根据结构指纹和分子描述符来预测分子的适宜性,快速分析数百万个潜在分子,并以最小的副作用将这些分子过滤出最佳选择。

临床试验

成功试验的关键是准确选择合适的候选人,因为选择错误会延长试验且浪费时间和资源。机器学习可以通过自动识别合适的候选人,并确保试验参与者被正确分配到各组,从而加快临床试验的设计。机器学习算法可以识别能够预测良好候选者的模式。此外,如果临床试验没有产生确凿的结果,机器学习算法可以提醒研究人员,以便研究人员能尽早干预。

寻找诊断疾病的生物标志物

生物标志物是在体液(如血液)中发现的分子,它为患者是否患有疾病提供绝对确定性的依据。生物标志物使诊断疾病的过程安全且廉价,还可用于精准定位疾病的进展,以便医生更容易选择正确的治疗方法,并监测药物是否有效。然而,生物标志物的探索要筛选数以万计的潜在分子候选物。同样,AI可以自动工作并加速该过程。算法会将分子分类为合适的候选分子与不合适的候选分子,研究人员可专注于分析最佳前景。

5.2.4 智能疾病预测

多数疾病都是可以预防的,但由于疾病通常在发病前期表征并不明显,到病况加重之际才会被发现。虽然医生可以借助工具进行疾病辅助预测,但人体的复杂性、疾病的多样性会影响预测的准确程度。

人工智能技术与医疗健康可穿戴设备的结合可以实现疾病的风险预测和实际干预。风险预测包括对个人健康状况的预警以及对流行病等公共卫生事件的监控,实际干预则主要指针对不同患者的个性化的健康管理和健康咨询服务。

5.2.5 智能手术机器人

在小玻璃瓶内给葡萄做手术、缝合葡萄的"皮肤"对人类来说望尘莫及,而 AI 手术机器人可以轻易做到。AI 手术机器人在进行手术时,可以将机械臂穿过胸部、腹壁等组织,相比人手更精确、快速、微创,也大大减轻了病人的痛苦。同时,手术时间一长,医生难免会手抖,而手术机器人能够过滤抖动,避免给患者带来威胁。

AI 手术机器人是一种新型的计算机辅助的人机外科手术平台,主要利用空间导航控制技术,将医学影像处理辅助诊断系统、机器人以及外科医师进行了有效的结合。手术机器人不同于传统的手术概念,外科医生可以远离手术台操纵机器进行手术,是世界微创外科领域一项革命性的突破。目前达芬奇机器人是世界上最为先进的微创外科手术系统之一,集成了三维高清视野、可转腕手术器械和直觉式动作控制三大特性,使医生将微创技术更广泛地应用于复杂的外科手术。相比于传统手术需要输血、会带来传染疾病等危险,机器人做手术则出血很少。此外,手术机器人可以保证精准定位误差不到 1 mm,对于一些对精确切口要求非常高的手术来说实用性很高。

 拓展视野

达芬奇手术机器人

达芬奇外科手术系统是一种高级机器人平台,其设计理念是通过使用微创方法,实施复杂的外科手术。达芬奇机器人手术系统以麻省理工学院研发的机器人外科手术技术为基础。直觉外科(Intuitive Surgical)随后与 IBM、麻省理工学院和 Heartport 公司联手对该系统进行了进一步开发。FDA 已经批准将达芬奇机器人手术系统用于成人和儿童的普通外科、胸外科、泌尿外科、妇产科、头颈外科以及心脏手术。

简单地说,达芬奇机器人就是高级的腹腔镜系统。大家可能对现在流行的微创治疗手段如胸腔镜、腹腔镜、妇科腔镜等有所了解,达芬奇机器人进行手术操作的时候也需要机械臂穿过胸部、腹壁。

达芬奇机器人由三部分组成:外科医生控制台、床旁机械臂系统、成像系统。主刀医生坐在控制台中,位于手术室无菌区之外,使用双手(通过操作两个主控制器)及脚(通过脚踏板)来控制器械和一个三维高清内窥镜。正如在立体目镜中看到的那样,手术器械尖端与外科医生的双手同步运动。床旁机械臂系统(Patient Cart)是外科手术机器人的操作部件,主要功能是为器械臂和摄像臂提供支撑。助手医生在无菌区内的床旁机械臂系统边工作,负责更换器械和内窥镜,协助主刀医生完成手术。为了确保患者安全,助手医生比主刀医生对于床旁机械臂系统的运动具有更高优先控制权。成像系统(Video Cart)内装有外科手术机器人的核心处理器以及图像处理设备,在手术过程中位于无菌区外,可由巡回护士操作,并可放置各类辅助手术设备。外科手术机器人的内窥镜为高分辨率三维(3D)镜头,对手术视野具有10倍以上的放大倍数,能为主刀医生带来患者体腔内三维立体高清影像,使主刀医生较普通腹腔镜手术更能把握操作距离,更能辨认解剖结构,提升了手术精确度。

实践任务

选择一个医疗场景,查阅相关资料完成其AI解决方案。

5.3 智能金融:AI带来金融革命

人工智能的飞速发展将对身处服务价值链高端的金融业带来深刻影响,人工智能逐步成为决定金融业沟通客户、发现客户金融需求的重要因素。人工智能技术在金融业中可以用于服务客户,支持授信、各类金融交易和金融分析中的决策,并用于风险防控和监督,将大幅改变金融现有格局,金融服务将会更加个性化与智能化。对于金融机构的业务部门来说,智能金融可以帮助获得并精准服务客户,提高效率;对于金融机构的风控部门来说,智能金融可以提高风险控制,增加安全性;对于用户来说,智能金融可以实现资产优化配置,体验到金融机构更加完美的服务。人工智能在金融领域的应用主要包括:智能获客,依托大数据对金融用户进行画像,通过需求响应模型,极大地提升获客效率;身份识别,以人工智能为内核,通过人脸识别、声纹识别、指静脉识别等生物识别手段,再加上各类票据、身份证、银行卡等证件票据的 OCR(Optical Character Recognition,光学字符识别)识别等技术手段,对用户身份进行验证,大幅降低核验成本,有助于提高安全性;大数据风控,通过大数据、算力、算法的结合,搭建反欺诈、信用风险等模型,多维度控制金融机构的信用风险和操作风险,同时避免资产损失;智能投顾,基于大数据和算法能力,对用户与资产信息进行标签化,精准匹配用户与资产;智能客服,基于自然语言处理能力和语音识别能力,拓展客服领域的深度和广度,大幅降低服务成本,提升服务体验;金融云,依托云计算能力的金融科技,为金融机构提供更安全高效的全套金融解决方案。

5.3.1 智能风控

风险作为金融行业的固有特性,与金融业务相伴而生,风险防控是传统金融机构面临的核心问题。智能风控主要得益于以人工智能为代表的新兴技术近年来的快速发展,在信贷、反欺诈、异常交易监测等领域得到广泛应用。

与传统的风控手段相比,智能风控改变过去以满足合规监管要求的被动式管理模式,转向以依托新技术进行监测预警的主动式管理方式。以信贷业务为例,传统信贷流程中存在欺诈和信用风险、申请流程烦琐、审批时间长等问题,通过运用人工智能相关技术,可以从多维的海量数据中深度挖掘关键信息,找出借款人与其他实体之间的关联,从贷前、贷中、贷后各个环节提升风险识别的精准程度,使用智能催收技术可以替代 40%—50% 的人力,为金融机构节省人工成本。同时,利用 AI 技术可以使得小额贷款的审批时效从过去的几天缩短至 3—5min,进一步提升了客户体验。

5.3.2 智能支付

在海量消费数据累积与多元化消费场景叠加影响下,手环支付、扫码支付、近场支付(Near Field Communication,NFC)等传统数字化支付手段已无法满足现实消费需求,以人脸识别、指纹识别、虹膜识别、声纹识别等生物识别载体为主要手段的智能支付逐渐兴起,再加上各类票据、身份证、银行卡等证件票据的 OCR 识别等技术手段,在大幅降低核验成本的同时提高了支付的效率和安全性。

智能支付作为承载线上和线下服务的有效连接,结合智能终端、物联网以及数据中心,能够将结算支付、会员权益、场景服务等功能多角度呈现给消费者,同时可以将支付数据与消费行为及时反馈至后台,为商户进行账目核对、会员营销管理、经营数据分析等工作提供支持。未来，以无感支付为代表的新型技术将提供无停顿、无操作的支付体验，全面应用于停车收费、超市购物、休闲娱乐等生活场景。

 **拓展视野**

支付宝

支付宝（中国）网络技术有限公司是国内的第三方支付平台，致力于提供"简单、安全、快速"的支付解决方案。支付宝公司从 2004 年建立开始，始终以"信任"作为产品和服务的核心。旗下有"支付宝"与"支付宝钱包"两个独立品牌，自 2014 年第二季度开始成为当前全球最大的移动支付厂商。支付宝与国内外 180 多家银行以及 VISA、MasterCard 国际组织等机构建立战略合作关系，成为金融机构在电子支付领域最受信任的合作伙伴。

微信支付

微信支付是集成在微信客户端的支付功能，用户可以通过手机完成快速的支付流程。微信支付以绑定银行卡的快捷支付为基础，向用户提供安全、快捷、高效的支付服务。自 2017 年 11 月 23 日起，微信支付服务功能在中国铁路客户服务中心 12306 网站上线运行。2018 年 4 月 1 日，消费者在使用微信钱包扫描静态条码支付时，单日使用零钱包支付的上限不超过 500 元，同时微信关联的所有银行卡还可以再独立获得 500 元的支付上限。2018 年 3 月，车牌 = 付款码，微信直接推出"高速 e 行"。 2018 年 6 月 29 日，微信支付与米其林指南在广州宣布达成战略合作。

5.3.3 智能理赔

传统理赔过程好比是人海战术，往往需要经过多道人工流程才能完成，既耗费大量时间，也需要投入许多成本。智能理赔主要是利用人工智能等技术代替传统的劳动密集型作业方式，可明显简化理赔处理过程。以车险智能理赔为例，通过综合运用声纹识别、图像识别、机器学习等核心技术，经过快速核身、精准识别、一键定损、自动定价、科学推荐、智能支付这 6 个主要环节实现车险理赔的快速处理，克服了以往理赔过程中出现的欺诈骗保、理赔时间长、赔付纠纷多等问题。根据统计，智能理赔可以为整个车险行业带来 40% 以上的运营效能提升，减少 50% 的查勘定损人员工作量，将理赔时效从过去的 3 天缩短至 30 分钟，可明显提升用户满意度。

5.3.4 智能客服

银行、保险、互联网金融等领域的售前电销、售后客户咨询及反馈服务频次较高，对呼叫中心的产品效率、质量把控以及数据安全有严格要求。智能客服基于自然语言处理能力、语音识别能力与大规模知识管理系统，面向金融行业构建了企业级的客户接待、管理及服务智能化解决方案，在大幅降低服务成本的同时提升了服务体验。在与客户的问答交互过程中，智能客服系统可以实现"应用—数据—训练"闭环，形成流程指引与问题决策方案，并通过运维服务层以文本、语音及机器人反馈动作等方式向客户传递。此外，智能客服系统还可以针对客户提问进行统计，对相关内容进行信息抽取、业务分类及情感分析，了解服务动向并把握客户需求，为企业的舆情监控及业务分析提供支撑。据统计，目前金融领域的智能客服系统渗透率预计已达到 20%—30%，可以解决 85% 以上的客户常见问题。智能客服针对高频次、高重复率的问题解答优势更加明显，能明显缓解企业运营压力并合理控制成本。统计数据显示，51.4% 的客服人员因工作强度大、工资待遇低、负面情绪多、工作内容枯燥等对工作状态不满，而且容易产生离职冲动。而智能客服的成本只相当于人工客服的 10%，使用智能客服后服务效率可以提升 86%，客户满意度可达 96%，订单转化率提升约 20%。以中国建设银行智能客服"小微"为例，其服务能力已相当于 9000 个人工座席，超过 95533、400 人工座席服务的总和。

 **拓展视野**

百度 AI 开放平台的呼叫中心实时语音识别功能

提供企业级呼叫中心场景语音识别服务。针对 VoIP 语音信号专门训练、高语速口语对话识别优化，提供企业级高可用标准的服务。从呼叫中心设备中实时获取声音信号，通过 MRCP 或 TCP 协议进行低成本对接，将语音信号转化为文本流实时输出。

典型应用场景：实时电话质检，在座席与客户通话过程中，实时将语音转成文字，辅助业务对通话进行实时的质检点监控，为座席提供话术修正提示，提升座席服务水平，进而提高客户满意度；智能语音 IVR/ 外呼，在客户与 IVR 客服机器人通话过程中，实时识别客户语音，精准转成文字，机器人可通过文字判断客户意图，为客户提供对应服务，即时通过人机对话反馈给客户。

5.3.5 智能营销

营销是金融业保持长期发展并不断提升自身实力的基石，因此营销环节对于整个金融行业的发展来说至关重要。传统的金融营销渠道主要还是以实体网点、电话短信推销、地推沙龙等方式将金融相关产品销售给潜在客户，这些营销方式容易产生对于市场需求的把握不够精准使得客户产生抵触情绪、标准化的产品以群发的方式进行推送也无法满足不同人群需要等问题。

人工智能逐步成为金融业沟通客户、发现客户金融需求的重要因素。智能营销主要通过人工智能等新技术的使用，对收集的客户交易、消费、网络浏览等行为数据采用深度学习相关算法进行模型构建，对金融用户进行画像，通过需求响应模型，帮助金融机构与渠道、人员、产品、客户等环节相联，从而覆盖更多的用户群体，为消费者提供个性化与精准化的营销服务，极大地提升获客效率。智能营销为金融企业降低了经营成本，提升了整体效益，未来在此领域仍需注意控制推送渠道、适度减少推送频率、进一步优化营销体验。

5.3.6 智能投研

中国资产管理市场发展前景广阔，同时也对投资研究、资产管理等金融服务的效率与质量提出了较高要求。智能投研以数据为基础、算法逻辑为核心，利用人工智能技术由机器完成投资信息获取、数据处理、量化分析、研究报告撰写及风险提示，辅助金融分析师、投资人、基金经理等专业人员进行投资研究。

智能投研能够构建百万级别的研究报告知识图谱体系，克服传统投研流程中数据获取不及时、研究稳定性差、报告呈现时间长等弊端，扩大信息渠道并提升知识提取及分析效率，在文本报告、资产管理、信息搜索等细分领域形成了广泛应用。智能投研的终极目标是实现从信息搜集到报告产出的投研全流程整合管理，基于更加高效优化的算法模型与行业认知水平，形成横跨不同金融细分领域的研究体系与咨询建议，并在金融产品创新设计方面提供服务支撑。

5.3.7 智能投顾

智能投顾是指基于大数据和算法能力，对用户与资产信息进行标签化，精准匹配用户与资产。对于用户来说，可以实现资产优化配置，体验到金融机构更加完美的服务。智能投顾的概念始于2010年兴起的机器人投顾（Robo-Advisor）技术，2014年进入中国市场后，经历技术的不断升级与服务模式的逐步创新，渐渐为市场与公众所熟知并接受。2016 年底招商银行的摩羯智投诞生，成为中国银行业首个智能投顾系统，随后更多的智能投顾产品相继落地。智能投顾按照客户投资期限、风险偏好、回报预期等维度，运用人工智能相关技术形成个性化的资产配置方案，同时辅以营销咨询、资讯推送等增值服务，相较于传统理财管理费率普遍降低 80%，门槛由百万元以上降低至 1 万元左右。智能投顾在应用落地过程中不仅需要良好的算法平台与技术体系作为支撑，更需要对大量行业与用户行为数据进行收集处理，国内互联网科技巨头与金融机构分别在技术端和数据端发力，结合各自优势推出符合中国客户的个性化产品。

5.4 智能教育：AI 在教育行业异军突起

　　智能教育是人工智能与教育的融合，实施智能教育就是为教育参与者创建一个教育的智能伙伴。传统教育模式下，学生教育质量的高低很大程度上依赖于老师的水平。优秀教师资源培养周期长，在国内分布很不平衡。教育是一个人力智力密集型行业，对教师人力资源的过度依赖是教育行业问题根本所在。学生多老师少的现状限制了学生个性化发展与全面发展。AI 技术可以提高教学效率，帮助老师因材施教，让学生的学习效率更高。智能教育的革命要打破自 19 世纪以来为了顺应工业化时代批量生产体制的教学模式，破解"快的吃不饱，慢的吃不了"的困局。智能教育要打破学习的垄断，弥补教育鸿沟，促进教育公平和教育的精准化。智能教育重点要解决的是教育均衡问题、个性化教育问题。教育部《教育信息化 2.0 行动计划》中明确提出了"智慧教育"概念，即智能时代的教育在教育理念、教育方式、教育内容、教育目的等方面要有更大幅度的改革和转变。智能教育需要教育内容的重大调整、学习方式的深刻变革、学习资源的跨界重组。

5.4.1 智能人才培养方案

　　目前的人才培养方案是通过企业调研确定专业岗位需求，通过专家分析岗位能力需求确定专业人才培养目标，进而确定课程体系和课程标准。人工智能时代，可以通过对就业招聘数据进行聚类分析，更精准地确定企业用人需求与培养目标。同时，依据教育大数据，精准计量学生的知识基础、学科倾向、思维类型、情感偏好、能力潜质，结合习得规律和教育规律，合理配置教育教学内容，为学生制定个性化培养方案，因材施教，促进学生个性全面发展和核心素养全面提升。我们需要基于计算机和互联网大数据的统计计算来认识教育的规律，也需要收集个体"小数据"来发现学生的个性化特点，从而实现因材施教。

5.4.2 智能人才培养过程

人才培养过程中通过大数据的收集和分析建立起智能化的管理手段，管理者与人工智能协同，形成人机协同的决策模式，可以洞察教育系统运行过程中的问题本质与发展趋势，实现更高效的资源配置，有效提升教育质量并促进教育公平。人工智能在教育中的应用与研究，应借鉴、吸收、学习科学领域的最新研究成果，在借助人工智能技术更科学全面地了解学习过程的基础上，建立更准确的学习模型，实现更人性化的功能。

首先，需要建立智能教育环境。利用普适计算技术实现物理空间和虚拟空间的融合、基于人工智能技术作为智能引擎，建立支持多样化学习需求的智能感知能力和服务能力，实现以泛在性、社会性、情境性、适应性、连接性等为核心特征的泛在学习。

其次，通过智能教育环境支持智能学习过程。在各类人工智能技术的支持下，构建认知模型、知识模型、情境模型，并在此基础上针对学习过程中的各类场景进行智能化支持，形成诸如智能学科工具、智能机器人学伴与玩具、特殊教育智能助手等学习过程中的支持工具，从而实现学习者和学习服务的交流、整合、重构、协作、探究和分享。

再次，通过智能教师助理为教师工作提质增效。人工智能将替代教师日常工作中重复的、单调的、规则的工作，缓解教师各项工作的压力，成为教师的贴心助理。人工智能技术还可以增强教师的能力，使得教师能够处理以前无法处理的复杂事项，为学生提供以前无法提供的个性化、精准的支持，传授知识效率大幅度提升，有更多的时间与精力来关注每个学生的身心全面发展。

最后，通过智能学习助理为学生提供"私人学伴"，增强学习过程的趣味性和有效性。借助手机 App 等为学生打造一个在线、开放、智能学习云平台，帮助学生制订学习计划、完成学习活动、进行疑难解答、实现互动训练、进行自我评估分析、制订改进计划等。让学生高效管理自己的学习计划和任务，协助学生进行师生互动、生生互动等学习活动。人工智能还能对学习内容进行有效管控，过滤色情、暴恐敏感内容，提供政治内容检查，为学生提供健康的学习环境。

拓展视野

微软小英

微软小英是微软亚洲研究院在 2016 年 4 月发布的一款英语口语学习软件，根植于手机微信的公众号平台。微软小英帮助初学者快速建立日常英语沟通能力，帮助英语学习者完善发音，熟练口语。

微软小英拥有"网页功能"和"窗口功能"两个功能类。"网页功能"包含情景模拟、发音挑战、易混音练习、单词修炼等 4 个功能，是基于网页的应用。"窗口功能"包含情景对话、跟读训练、中英互译等 3 个功能，是基于微信聊天窗口的功能。微软小英的后台调用了微软的感知服务接口，口语评分是基于微软亚洲研究院在深度学习和统计语音识别技术发表的评分算法。

实践任务

体验人工智能课堂 App 或 AI 学 App，体验 AI 赋能教育的效果。

5.4.3 智能人才培养质量评估

人工智能技术不仅仅能在试题生成、自动批阅、学习问题诊断等方面发挥重要的评价作用，还可以对学习者进行学习过程中知识、身体、心理状态的诊断和反馈，在学生综合素质评价中发挥不可替代的作用，包括学生问题解决能力的智能评价、心理健康检测与预警、体质健康检测与发展性评估、学生成长与发展规划等。

因为客观作业不能全面反映学生能力，主观作业的评阅一直是教师的重要工作。而通过文字识别功能，识别试卷以及学生作业文本，就可实现智能阅卷与作业批改；通过 AI 教育技术深度学习，可利用计算机自动对发音水平进行评价、纠错、缺陷定位和分析。通过 AI 教育技术手段判断教学质量，可使教学更具针对性，学习效率提高，从而促进教学质量的提升。

5.4.4 智能教育师生角色转换

◎学生角色的转换。基于卷积神经算法的深度学习机器人已在多种知识考试中取得了比人更好的成绩，因此智能教育要求人的学习不再是知识的学习，必须是获取能力的学习，是终身学习能力的培养。未来教育应致力于培养面向人工智能时代的创新人才，引导学习者发展关键能力与核心素养，培养创造力，而不仅仅是记忆知识。未来教育应是更加人本的教育，为学生一生的幸福和成长奠基。随着智力劳动的解放，教师有更多的时间和精力关心学生心灵、精神和幸福，跟学生平等互动，实施更加人本的教学，使得学生更具有创造性。

◎教师角色的转换。机器人主要负责教师日常工作中烦琐的机械式劳动，智能教育中的教师要实现角色转化，成为学生个性化学习的引导者和辅助者。为了达到这个效果，适应这种变换，教师自身就必须是一个学习者。人才培养中教师"育"的作用不可或缺，这实际上是对教师能力的更高要求，也是机器人难以替代人类老师的关键。教师要善于运用人机结合的思维方式，使教育既实现大规模覆盖，又实现与个人能力相匹配的个性化发展。在人工智能技术的支持下，面向大规模的学习者群体，提供促进个性发展的教育服务，使每一个学生在其原有的基础上获得适合他自己的教育服务，是未来教师的主要任务。

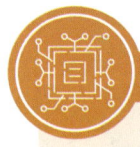 拓展视野

阿凡题

阿凡题 App 是由北京云江科技有限公司独立开发，致力于服务广大学生，帮助学生解答难题的一款搜题类 App，是一款专为中学生作业答疑定制的手机学习客户端。学生在作业中遇到不会的问题时，只需将题目拍照上传，云端自动检索识别，10 秒钟内快速返回解题思路和过程讲解。学生还可以在线寻求帮助，发现更多解题思路，也可以帮助别人解答，提高自己对知识点的掌握。阿凡题不只是简单地搜索答案，通过互动学习模式，来促进学生自发学习，提高克服难题的成就感，激发学习动力与兴趣。

 实践任务

选择一个教育场景，查阅相关资料完成其 AI 解决方案。

5.5 智能制造：AI 重塑制造业

智能制造是基于新一代信息技术与先进制造技术深度融合，贯穿设计、生产、管理、服务等制造活动的各个环节，具有自感知、自学习、自决策、自执行、自适应等功能的新型生产方式。智能制造对人工智能的需求主要表现在以下三个方面：一是智能装备，包括自动识别设备、人机交互系统、工业机器人以及数控机床等具体设备，涉及跨媒体分析推理、自然语言处理、虚拟现实智能建模及自主无人系统等关键技术。二是智能工厂，包括智能设计、智能生产、智能管理以及集成优化等具体内容，涉及跨媒体分析推理、大数据智能、机器学习等关键技术。三是智能服务，包括大规模个性化订制、远程运维以及预测性维护等具体服务模式，涉及跨媒体分析推理、自然语言处理、大数据智能、高级机器学习等关键技术。例如，现有涉及智能装备故障问题的纸质化文件，可通过自然语言处理，形成数字化资料，再通过非结构化数据向结构化数据的转换，形成深度学习所需的训练数据，从而构建设备故障分析的神经网络，为下一步故障诊断、优化参数设置提供决策依据。人工智能在制造业的应用场景主要分为三类：一是产品智能化研发设计和为产品注智，二是在制造和管理流程中运用人工智能技术提高产品质量和生产效率，三是供应链的智能化。

5.5.1 AI 赋能产品开发

在产品研发、设计和制造过程中，生成式产品设计阶段，可以利用算法根据既定目标和约束探索各种可能的设计解决方案，具体来说分为三个步骤：首先，设计师将设计目标以及各种参数输入生成设计软件中；然后，设计软件探索解决方案所有可能排列，并快速生成设计备选方案；最后，利用机器学习来测试和学习每次迭代的有效性。

将人工智能技术集成化、产品化，制造出智能手机、工业机器人、无人驾驶汽车及无人机等智能产品。这些产品本身就是人工智能的载体，硬件和各类软件结合具备感知、判断的能力并实时与用户、环境互动。以智能手机为例，除了 AI 芯片使手机运行速率更高、反应时间更短之外，手机上的语音助手、图像处理等智能应用也给用户带来多维度 AI 体验。

5.5.2 AI 赋能生产制造

人工智能嵌入生产制造环节，可以使机器变得更加聪明，不再仅仅执行单调的机械任务，而是可以在更加复杂的情况下自主运行。随着制造业自动化程度提高，机器人在制造过程和管理流程中的应用日益广泛，而人工智能更进一步赋予机器人自我学习能力，具体体现在以下方面：

智能产品质检

借助机器视觉，可以快速扫描产品质量，提高质检效率。因为 AI 质检系统可以持续学习，其性能会随着时间推移而持续改善。例如，很多汽车零部件厂商已经开始利用具备机器学习算法的视觉系统识别有质量问题的部件，包括检测没有出现在用于训练算法的数据集内的缺陷。

智能自动化分拣

AI 分拣机器人可应用于混杂分拣、上下料及拆垛，大幅提高生产效率，其核心技术包括深度学习、3D 视觉及智能路径规划等。

智能生产线运维

制造类企业会借助人工智能减少设备故障提高资产利用。利用机器学习处理设备的历史数据和实时数据，搭建预警模式，提前更换即将损坏的部件，以避免出现机器故障。

生产资源分配

人工智能可以针对消费者个性化需求数据，在保持与大规模生产成本相当甚至更低的同时，实现柔性生产，快速响应市场需求变化。

优化生产过程

人工智能通过调节和改进生产过程中的参数，对于制造过程中使用的很多的机器进行参数设置。生产过程中，机器需要进行诸多的参数设置。

5.5.3 智能供应链

企业可以通过供应链实现数百万种行动和政策的组合，大型企业更是每年都会收到数量众多的订单；企业需要对补货方法、网络布局和运输方式做出大量决策。这是非常烦琐的工作，但这些决策又会对业务水平和成本产生直接影响。人工智能技术嵌入自我学习型供应链，这些烦琐的工作都交由机器检查，确定供应链失误发生的原因和位置，对于处理结果也有更精准的判断，可以更好地处理供应链失误问题。

未来，自我学习型供应链将能告诉供应链计划人员，当某个时间的组合同时发生时，可能会产生供应链失误。它能主动调整库存水平来应对供应链失误，或是向供应链计划人员发送提醒。

实践任务

选择一个制造业场景，查阅相关资料，完成其 AI 解决方案。

拓展视野

中国制造 2025

中国制造 2025，是中国政府实施制造强国战略的第一个十年行动纲领。

《中国制造 2025》提出，坚持"创新驱动、质量为先、绿色发展、结构优化、人才为本"的基本方针，坚持"市场主导、政府引导，立足当前、着眼长远，整体推进、重点突破，自主发展、开放合作"的基本原则，通过"三步走"实现制造强国的战略目标：第一步，到 2025 年迈入制造强国行列；第二步，到 2035 年中国制造业整体达到世界制造强国阵营中等水平；第三步，到新中国成立一百年时，综合实力进入世界制造强国前列。

"一二三四五五十"的总体结构。

"一"，就是从制造业大国向制造业强国转变，最终实现制造业强国的一个目标。

"二"，就是通过两化融合发展来实现这一目标。党的十八大提出了用信息化和工业化深度融合来引领和带动整个制造业的发展，这也是我国制造业所要占据的一个制高点。

"三"，就是要通过"三步走"的一个战略，大体上每一步用十年左右的时间来实现我国从制造大国向制造强国转变的目标。

"四"，就是确定了四项原则。第一项原则是市场主导、政府引导。第二项原则是既立足当前，又着眼长远。第三项原则是全面推进、重点突破。第四项原则是自主发展和合作共赢。

"五五"，就是有两个"五"。一个"五"就是有五条方针，即创新驱动、质量为先、绿色发展、结构优化和人才为本。另一个"五"就是实行五大工程，包括制造业创新中心建设工程、强化基础工程、智能制造工程、绿色制造工程和高端装备创新工程。

"十"，指中国制造2025要重点突破的十个重点领域，包括新一代信息技术产业、高档数控机床和机器人、航空航天装备、海洋工程装备及高技术船舶、先进轨道交通装备、节能与新能源汽车、电力装备、农机装备、新材料、生物医药及高性能医疗器械等。

"工业4.0"

所谓"工业4.0"（Industry 4.0），是德国基于工业发展的不同阶段做出的划分。按照目前的共识，"工业1.0"是蒸汽机时代，"工业2.0"是电气化时代，"工业3.0"是信息化时代，"工业4.0"则是利用信息化技术促进产业变革的时代，也就是智能化时代。

"工业4.0"概念包含了由集中式控制向分散式增强型控制的基本模式转变，目标是建立一个高度灵活的个性化和数字化的产品与服务的生产模式。在这种模式中，传统的行业界限将消失，并会产生各种新的活动领域和合作形式。创造新价值的过程正在发生改变，产业链分工将被重组。

"'工业4.0'为德国提供了一个机会，可以进一步巩固其作为生产制造基地、生产设备供应商和IT业务解决方案供应商的地位。"德国工程院院长孔翰宁（Henning Kagermann）教授如此评价"工业4.0"。

德国学术界和产业界认为，"工业4.0"概念即是以智能制造为主导的第四次工业革命或革命性的生产方法。该战略旨在通过充分利用信息通信技术和网络空间虚拟系统即信息物理系统（Cyber-Physical System）相结合的手段，推动制造业向智能化转型。

"工业4.0"项目主要分为三大主题：一是"智能工厂"，重点研究智能化生产系统及过程，以及网络化分布式生产设施的实现；二是"智能生产"，主要涉及整个企业的生产物流管理、人机互动以及3D技术在工业生产过程中的应用等，该计划将特别注重吸引中小企业参与，力图使中小企业成为新一代智能化生产技术的使用者和受益者，同时也成为先进工业生产技术的创造者和供应者；三是"智能物流"，主要通过互联网、物联网、物流网，整合物流资源，充分发挥现有物流资源供应方的效率，而需求方则能够快速获得服务匹配，得到物流支持。

模块检测

1. 列举人工智能在安防方面的应用,并简单叙述其应用原理。
2. 列举人工智能在医疗行业的应用案例,并简单叙述应用原理。
3. 人工智能给金融业带来的变革有哪些?
4. 人工智能在金融业的应用能够给你的生活带来哪些利好?
5. 人工智能给你的学习带来哪些利好?
6. 列举人工智能在制造业中的应用案例。

模块 6

未来走向何方：
人类与人工智能如何和平共处

模块 6　未来走向何方：人类与人工智能如何和平共处

模块学习导读

第四次工业革命以来，人工智能技术的进步常令人感到振奋，但由此带来的失业问题、依赖性问题、人际关系重塑问题势必会给人类社会造成一定程度的恐慌。我们应该知道，以机器人为代表的智能产品可以替代人类从事简单、重复性较高或危险系数较高的工作，但却无法取代人类的发展。我们在享受人工智能福利的同时，也需要划好伦理道德、法律规则等红线，做到与人工智能的和平相处。

本模块从技术视角、人文视角、伦理规范视角等三方面介绍了 AI 面临的技术难题、道德责任及设计伦理规范。通过本模块的学习，同学们可了解人工智能与人类智能的差距、熟悉人工智能在各领域的应用，了解人工智能设计的伦理规范，进而能够正视由人工智能技术带来的伦理问题，预判可能出现的道德缺失并进行相应的规制。

模块学习目标

知识目标

1. 了解人工智能面临的技术难题；
2. 了解人工智能面临的道德责任；
3. 了解人工智能涉及的伦理规范。

能力目标

1. 能够按照人工智能技术伦理规范使用人工智能技术；
2. 能够遵循人工智能技术中的伦理道德做出正确行为。

6.1 AI 的挑战：技术视角

6.1.1 算法化难题：机器能否模拟人的思维逻辑

大数据、深度学习、人工智能，并不是什么高深莫测的东西，因为我们有大脑。虽然机器拥有存储和处理大数据的优势，可人拥有很好的从小样本中学习的能力，即人类能够从少量学习中获取更多的知识并将旧知识用于新的经验，而机器还不行。这就造成了目前所有的算法都不如人类的学习能力，所以算法需要更多的数据进行训练。

小朋友们只看过一张猫的图片，就能识别出猫这个动物，而且还能把猫抽象出来（图 6-1），而机器需要通过几万张图像去训练，才能相对准确地识别出哪些图像是猫（图 6-2）。

图 6-1 人脑看图识别猫

图 6-2 机器训练识别猫

人工智能中的推理和搜索存在组合爆炸问题，"组合爆炸"指在有限个元素之间可以形成的组合数目会随着元素数目的增长而急速增长，很快就会变得非常庞大，而让我们难以在可以接受的时间内逐一检视。也就是说，计算时间与问题的复杂程度呈几何级数正相关，绝大部分人类的思维过程仅仅靠计算机的高速计算能力是无法模拟和解决的。举个通俗的例子来解释组合爆炸的严重性：一张纸折叠50次的厚度是多少？很多人直觉上会认为就是黄页电话号簿的厚度。错了，答案竟然是地球到太阳之间的距离！这就是数学上几何级数的恐怖之处。此外，人类思维中的绝大部分问题都无法转化为一个数学问题，原因在于人类思维过程充满了不确定性、矛盾和演化。事实证明，通过经典数理逻辑的方法实现不了真正的人工智能，科学家需要找到其他办法来解决遇到的难题。

认知神经科学的研究揭示了大脑与计算机之间的许多重要差异，通常我们对于人类的大脑和电脑的认知只是限于生物和物质两个方面，但事实上人类大脑的复杂程度远远超出人们的想象。虽然计算机是模仿人脑发展起来的，以代替人脑的部分功能为目标，在结构和运行机制方面都有很多与人脑看起来相似的地方，但一个理智的人决不会把两者看成是同一种东西。

人脑中有大约860亿个神经元以及将这些神经元连接在一起的100万亿个互连物，每个神经元的连接点上都拥有1000多个蛋白质。但我们日常所使用的计算机，实际上只是我们用于处理信息的机器，信息被编码成计算机可以识别的格式，录入原始数据，在计算机内部进行运算。精确的大脑生物模型必须包括细胞类型、神经递质、神经调节剂、轴突分支和树突棘之间大约2250万亿次的相互作用，由于大脑是非线性的，比现在所有的计算机算力都大得多，它可能以完全不同的方式运行。

目前，尽管机器学习和深度学习在语音、图像、文本识别上有了长足的进步，如智能手机已经能够识别人脸或者语言。然而，当实现更加复杂的应用时，计算机仍然会迅速达到极限。近日，德国明斯特大学、英国牛津大学和埃克塞特大学成功开发出一种硬件，为创造类脑计算机铺平了道路。科学家设法创造出一个含有人工神经元网络的芯片，这种人工神经元在光线的作用下工作，并能够模仿人脑神经元与突触的行为。以后，此方案可应用于多个领域，比如医疗诊断，在这种硬件的帮助下，癌细胞可以被自动分辨出来。但和人类所具有的智能相比，仍然有本质区别。人类具有丰富的联想能力、理解能力、创造能力，要真正实现强人工智能，必须借鉴人脑先进结构和学习思维的机制，再通过深度学习这样的方法进行规模、结构和机理上的模拟，通过仿生学思路实现人工智能的突破。

当然，人类是从低等生物经历几十亿年在地球生态圈这么庞大的空间中进化而来，要获得人类这样充足的进化时空环境几乎是不可能的。在没有完全弄清大脑工作机制之前，通过模仿部分人脑原理来逐步渐进，可能是比较现实的办法。比如谷歌在收购 DeepMind 之后明确表示，不会首先将其应用在机器人部门，而是先从基础的语义识别开始。而百度也是将深度学习技术应用在具体的用户服务方面，比如说提高中文语音识别率、完善图像识别能力。所谓循序渐进、按部就班，就像人类一样有五感才会有思考，把人工神经网络低层的学习水平给完善了，才会有更抽象的高层的学习水平的突破。从这点来看，应该对未来深度学习进一步的理论发展充满希望。

虽然人工智能近年取得快速发展，但在不少方面尚存在技术瓶颈。目前一般认为，人工智能在大规模图像识别方面已经超过人类，在机器翻译方面虽然取得一定进展，但和预期水平相差不小，而在聊天对话方面则差距甚大。在无人驾驶方面，目前商业化自动驾驶汽车是辅助驾驶，真正的自动驾驶汽车尚在研发测试阶段，其中处理紧急异常交通情况是人工智能遇到的难点。同样，在语音识别方面，虽然在实验环境中测试人工智能识别接近人类，但我们也看到现实场合中存在环境干扰的情况下，人工智能识别率其实差强人意，而且经常会犯一些人类不可能犯的常识性错误。

思考与讨论

人工智能现在"智力"如何？有什么能做，有什么不能做？

6.1.2 信息处理难题：将机器人带入真实世界

如果机器人要进入人类的生活，它们将需要学会与人类打交道。但这并不简单，因为我们几乎没有具体的人类行为模型，而且我们很容易低估我们与生俱来的人性中的复杂性。无论是处于短期关系还是长期关系的过程中，社交机器人需要能够感知到细微的社会线索，比如面部表情或语调，理解它们所处的文化和社会环境，并对与它们互动的人的心理状态进行建模，以适应与人类进行交流。

图 6-3 人机对话

将成群的简单机器人组装成不同的结构,用于替代大型的执行特定任务的机器人来处理不同的任务,可能是一种更便宜、更灵活的方案。更小、更便宜、更强大的硬件可以让简单的机器人感知周围的环境,并与人工智能相结合,从而模拟出能在自然界中所看见的行为。但是,实现对不同规模的机器人群体最有效的控制方式需要做更多的工作——小的群体可以集中控制,但大的群体需要分散成小群体再进行控制。这些机器人还需要更加坚固,能够适应现实世界的变化条件,并能抵御有意或意外伤害。此外,还需要对具有互补功能的不同机器人进行更多的研究。

机器人的一个关键用途是探索人类无法到达的地方,比如深海、太空或灾难区。这意味着它们需要擅长于探索和导航那些没有地图且通常极为混乱和危机四伏的环境,主要的挑战包括创建能够适应、学习和从导航失败中恢复的系统,并且能够识别新的发现。这需要高度的自主性,能够让机器人对自己进行监控和重新设置,同时能够利用具有不同可靠性和准确性的多个数据源构建一个世界的图像。

医学是机器人在不久的将来会产生重大影响的领域之一。增强外科医生能力的机器人设备已正常使用,但其中的一大挑战在于在这样高风险的环境中提高这些系统的自主性。自动化机器人助手需要能够在各种场景中识别人体构造,并能够使用态势感知和语音指令来理解不同场景下的需求。在外科手术中,自动化机器人可以执行手术流程中的常规步骤,让外科医生为病情更复杂的病人服务。在人体内部运作的微型机器人也有希望在未来普及,但使用这种机器人仍有许多障碍,包括有效的传输系统、跟踪和控制方法,关键是找到能够改进现有方法的治疗方法。

深度学习已经彻底改变了机器识别模式的能力,但这需要与基于模型的推理相结合,创造出适应性强的机器人,能够在工作过程中学习。其中的关键之处在于创造人工智能,它能意识到自身的局限性,还能学习新事物。创建能够从有限的数据中快速学习的系统,而不必从深度学习所需要的数以百万计的例子中学习,这一点也很重要。我们对人类智力的进一步理解将是解决这些问题的关键。

实践任务

使用讯飞输入法体会极速语音输入、"随声译"、手写输入、智能拼音输入、个性扩展等功能。

6.1.3 自学习：人工智能让人生畏的地方

每一个时代的终结，都是另一个时代的开始。

由 AlphaGo 进化史我们可以看到，2017 年 10 月 18 日，DeepMind 团队公布了最强版阿尔法围棋，代号 AlphaGo Zero。至此，持续近两年的围棋"人机大战"可以说真正落下了帷幕。

图 6-4　AlphaGo 进化史

DeepMind 在《Nature》杂志发表的论文名字简单直接：《不使用人类知识掌握围棋》。也就是说，AlphaGo Zero 与 AlphaGo 不同，它不是通过"学习"人类棋手的经验提升自己，而是利用了一种新的强化学习方式，简而言之，在这个过程中，AlphaGo Zero 成为自己的老师。这个系统从一个对围棋游戏完全没有任何认知的神经网络开始，然后通过将这个神经网络与一种强大的搜索算法相结合，就可以自己和自己下棋了。在自我对弈的过程中，它的神经网络被调整、更新，以预测下一个落子位置以及对局的最终赢家。这种技术比上一版本的 AlphaGo 更强大，因为它不再受限于人类知识的局限，并从一定程度上说明算法赢了大数据。在人工智能界，一直都有这样的争论和热议，这次 AlphaGo Zero 的横空出世，或许又会将算法和数据孰强孰弱的讨论又一次推上高潮。

从算法的角度来看，问题需要有一个"目标函数"——一个需要解决的目标。当 AlphaGo Zero 下棋时，这个目标并不难。失败计为 −1，平局计为 0，胜利计为 +1。AlphaGo Zero 的目标功能是使分数最大化。又如扑克机器人的目标功能非常简单：赢得大量资金。真实情况并非如此简单。例如，一辆自动驾驶汽车需要更细致的目标功能，如迅速将乘客送到正确的地点，遵守所有法律，并在危险和不确定的情况下恰当地衡量人的生命价值。微软在 2016 年 3 月 23 日发布的 Twitter 聊天机器人 Tay，目标是让人们参与进来，它做到了。不幸的是，Tay 被发现在最大限度地参与聊天时出现了种族主义的侮辱性话语。在不到一天的时间内，它就被紧急召回。

人工智能研究已经在多个领域取得飞速进展，从语音识别、图像分类到基因组学和药物研发。在很多情况下，这些是利用大量人类专业知识和数据的专家系统。但是，人类知识成本太高，未必可靠，或者只是很难获取。因此，AI 研究的一个长久目标就是跨过这一步，创建在最有难度的领域中无需人类输入就能达到超性能的算法。

6.1.4 奇点：人工智能超过人类的临界点

雷·库兹韦尔被称为"预测人工智能未来最权威的人"，曾预言了电脑将战胜世界象棋冠军并被证实。在人工智能、预见未来的领域里，奇点大学是无法避开的话题。这家于 2009 年由谷歌和 NASA 联合建立的大学，旨在解决"人类面临的重大挑战"。雷·库兹韦尔在其 2005 年出版的《奇点临近》一书中指出，"随着纳米技术、生物技术等呈几何级数加速发展，未来 20 年中人类的智能将会大幅提高，人类的未来也会发生根本性重塑。"库兹韦尔最富有争议的观点是，在未来某一个临界点，人工智能将超过人类本身，并将开启一个新的文明时代。一些保守派人士相信，既然机器人是由人创造出的，那么人们总会把遥控器掌握在自己手里。但是，人工智能的进化速度远远高于作为生物物种的人类。早在 1997 年，国际象棋冠军卡斯帕罗夫与代号"深蓝"的电脑对弈，最终败下阵来。如此说来，似乎人工智能的算力在某些方面已经超越了该领域最聪明的人脑。

奇点时刻：那时的世界可能面目全非。超人工智能什么时候会实现？什么时候奇点来临？雷·库兹韦尔认为："2045 年，奇点来临，人工智能完全超越人类智能，人类历史将彻底改变。"有一幅关于超人工智能的发展曲线很知名，如图 6-5 所示。

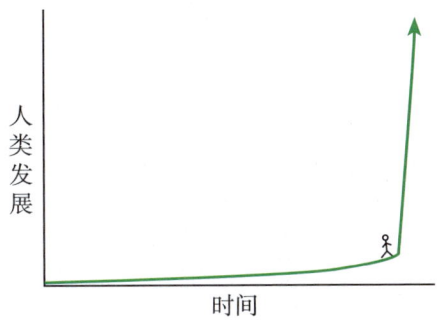

图 6-5 超人工智能的发展曲线

看上去非常刺激吧？但你要记住，当你真的站在时间图表中，你是看不到曲线右边的，因为你无法预见未来。假设这个人能突然穿越到未来，他会是什么体验？"惊讶""震惊""脑洞大开"这些词都太温顺了。当人工智能开始朝人类级别智能靠近时，我们看到的是它逐渐变得更加智能，就好像一个动物进化那样。然后，它突然达到了人类婴儿的程度，到时我们也许会感慨："看，这个人工智能就跟婴儿一样聪明，真可爱。"但问题是，从智能的大局来看，人和人的智力差别，比如从最幼稚的人到爱因斯坦的智力差距，其实是不大的。所以，当人工智能达到了婴儿级别的智能后，它的算力会很快变得比爱因斯坦级别的大脑更加强大。

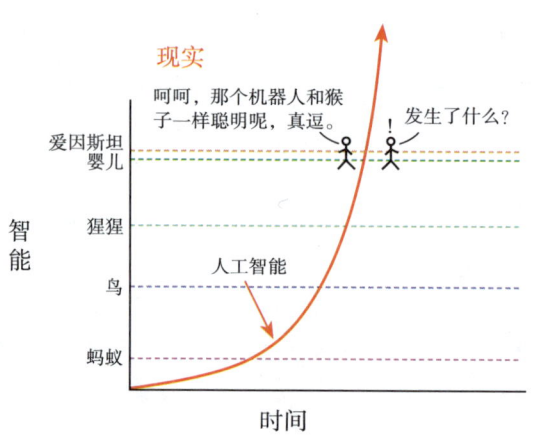

图 6-6　人工智能演进速度

人工智能奇点设想的是人工智能超越人类的可能性，但现在看起来它更像是一团混沌的迷雾，我们离它太远，以至于未来究竟如何，还看不清看不透，就连它是否存在都仍有争议。人工智能奇点到来对人类究竟是福是祸，这一争论或许只有等到那一天真正到来时才有定论。

如果人工智能奇点到来，人类未来将会怎样？这既是个重大的理论问题，也是个重大的现实问题。因此，当下，在抓住科技革命的机遇，大力发展人工智能的同时，我们应当十分清醒而理智地思考人工智能奇点可能给我们带来的风险和挑战，并采取正确的应对措施，这也是人工智能最终能够造福人类社会的前提条件。

 **思考与讨论**

我们应如何看待和应对奇点？

6.2 AI 的挑战：人文视角

人类正在迈入新颖别致、激动人心的智能时代、智能社会。人工智能不是以往那样的普通技术，而是一种应用前景广泛、深刻改变世界的革命性技术，同时也是一种开放性的、远未成熟的颠覆性技术，可能导致的伦理后果尚且难以准确预料。人工智能的研发和应用正在解构传统的伦理关系，引发数不胜数的伦理冲突，带来各种各样的伦理难题，引发了广泛关注和热烈讨论。如何准确把握时代变迁的特质，深刻反思人工智能导致的伦理后果，提出合理而具有前瞻性的伦理原则，塑造更加公正、更加人性化的伦理新秩序，是摆在我们面前的一个重大课题。

6.2.1 智能驾驶的道德责任归属

自动驾驶汽车还未进入市场就有人将其奉为神物，人们对它寄予厚望：希望可以解放双手，让驾驶成为乐趣；解决高速或城市环线的交通拥堵；降低交通事故发生率；甚至可以提升汽车燃油经济性。

谷歌撞车事件的发生引发了人们对自动驾驶汽车的思考，即在实现了无人驾驶的技术发展背后潜藏的一大串伦理道德和法律问题如何解决？在自动驾驶时代飞奔而来的当下，我们需要快速填补这些空白。

自动驾驶汽车没有灵魂，但必须背上道德负担。实际上，驾驶员坐在驾驶座前是为了掌控汽车，当人工智能完全代替人工之后，驾驶座的存在便不具意义，汽车的形态也将随之发生改变，内部空间变大，变得不再局促等。但问题在于，当人工智能坐在了驾驶席上，人工智能应该基于何种规则做出以往人类所做的道德层面的判断？

在现代公路上难免会碰到动物在马路上穿行的状况，当汽车在公路上行驶时，一只松鼠忽然窜上公路，驾驶员是否应该做出停车的判断？实际上，人类驾驶员的处理方式一般是直接撞上去，因为在人类社会的规则里，人类的权利大于动物的权利，如果在公路上忽然停车，则很容易造成追尾事故，造成的损失远大于撞死一只松鼠。在这种情况下，人工智能可以设定为遵循人类的优先存活权，做出撞上去的判断。但如果将松鼠换成人类呢？

有一个在伦理学上著名的难题——电车难题：一辆失控的电车朝五个人驶来，片刻后就要撞到他们。幸运的是，你可以拉一个拉杆，让电车开到另一条轨道上，然而问题在于，在另一条电车轨道上也有一个人，那么，你是否应该拉这根杆？自动驾驶所面临的道德困境，就如同人工智能掌控了这根拉杆，由人工智能、算法决定谁具有优先存活权。实际上，当人类驾驶员在面对这样的抉择时，所做出的任何反应都是潜意识下的应激反应，而人工智能的抉择则是设计人员深思熟虑的结果。事实上，设计人员没有做选择的权力。

所以，自动驾驶道德困境的复杂之处在于，没有任何人能够制定规则，国家层面也无法做出选择，有的国家在已经发布的自动驾驶技术道德伦理标准中，给出的也只能是"所有的生命都应该被平等地重视，并且应该禁止根据性别、年龄、种族、身体属性等因素来做选择"这类无益于解决问题的标准。自动驾驶系统道德选择背后涉及的是极大的伦理问题。在两难问题中对任何一方的偏袒都会涉及对另一方的歧视。

在自动驾驶飞速发展的时代，各家自动驾驶系统的最终目标还是从技术上消除交通事故或者将交通事故对人类的伤害降到最低。关于交通事故不可避免时的道德判断标准，没有哪个组织或者个人有权力决定任何一个人的存亡，毕竟每个人都只有一次生的机会，而没有一条生命是能被放弃的。在今天的社会依然没有一个统一的答案之时，如何能通过算法来掌握"生杀大权"呢？有的时候，我们希望能够借助算法帮我们实现更为准确的判断。但目前来看，算法并不是万能的，自动驾驶的道德困境仍然存在。因此，在很长一段时间内，自动驾驶汽车还会继续保留由人类接管的功能。

 拓展视野

德国政府颁布自动驾驶伦理道德标准

机器也要讲道德了！据德国汽车媒体报道，德国政府已正式推出关于自动驾驶技术的首套道德伦理标准，该准则将会用在让自动驾驶车辆针对事故场景做出判断之时，而做出的优先级反应也将加入系统的自我学习中，例如人类的安全始终优先于动物以及其他财产等。

报告中关于自动驾驶道德伦理的 20 条准则中，最关键的部分准则如下：

◎当自动驾驶车辆对于事故无可避免时，不得存在任何基于年龄、性别、种族、身体属性或任何其他区别因素的歧视判断。

◎即使是由自动驾驶系统进行驾驶，也必须遵守已经明确的道路法规。

◎自动驾驶车辆必须配置永续记录和存储行车数据的"黑匣子"，用以划分责任归属。

◎黑匣子所记录的数据的唯一所有权属于自动驾驶汽车，交由第三方保管或转发需获得授权。

◎人类应该在更多道德模棱两可的事件中重新获得车辆的控制权，而不应完全依赖于自动驾驶汽车的反应。

这份自动驾驶伦理道德标准仍将在未来进行不断完善，从而保证自动驾驶技术开发迈向正确的方向。目前很多自动驾驶技术公司希望让系统能够拥有自我学习的能力，但如果现有的系统对某一个信息进行了误判，其结果很有可能导致整个自我学习算法的偏离，加入自动驾驶伦理道德准则也是希望纠正因系统错误判断而出现的偏差。

6.2.2 虚拟智能技术的伦理后果

虚拟智能技术将产生变革性影响。如虚拟现实技术通过计算机和相关感知设备，创造出虚拟世界，让人们在"这个世界"中有接近真实世界的体验和感受。虚拟现实不但能创造出可用于栖居和探索的新虚拟空间，而且也产生了虚拟时间的可能性。从这种意义上来讲，虚拟现实对人类经济、文化、社会领域以及精神生活都将产生变革性的影响。

在虚拟现实技术解决了视觉感知问题外，还解决了听觉、触觉、力觉、运动等感知问题，甚至嗅觉和味觉等也被模拟出来。此外，人的头部、眼睛转动，手势或其他人体行为动作都能达到实时响应，使用者可以完全获得虚拟等于现实的感觉。如此，电影《阿凡达》中杰克·萨利在潘多拉星球上的"替身"现象，就会真真切切地出现了。设想一下，不用离开房间或办公室，你就能来到三维的虚拟会议室或教室，和众多"阿凡达"同事坐在一起；经过精心设计的"阿凡达"，还能比本人表现得更好；当你的"阿凡达"在桌前紧张地做笔记时，你本人还在卧室里躺着睡大觉。从技术上看，个人"阿凡达"将很快出现，虚拟替身技术可能在未来五年内变成现实。由此也更加迫切地要求我们解决伦理上的疑虑和担忧。

图 6-7 《阿凡达》剧照

德国学者迈克尔·玛达里和托马斯·梅岑格在《机器人和人工智能前沿》上发表的论文中表示，某些厂商过分夸大了虚拟现实在教育和科研方面的优势，忽视了虚拟现实所造成的颠覆性破坏。"斯坦福监狱实验""米尔格伦实验"等大量的心理学实验证实，人类大脑具有可塑性，容易被环境无意识地改造。虚拟现实可能会对人的行为产生影响，而这种影响会延续到现实世界中。如果一个人在虚拟环境下被赋予比自身更为年长的身份，回归现实后，他可能更倾向于购买养老产品或预留养老金。他强调，虚拟现实不仅会改变人类对人性的一般理解，甚至会影响到人类对身份统

一、意识经验、自私、真伪、实在等具体概念的理解。不少科技媒体曾提出，神经虚拟现实技术可影响、改变甚至创建"真实记忆"。虚拟现实的特征以及对实验内容的全部把控，使得一种新型的精神、行为操纵成为可能。从伦理层面来考虑，这将会对人类产生非常负面的影响。

就目前虚拟现实技术的发展水平而言，其营造的感官体验更多的是个体式的，可能导致人们在沉浸其中时由于主体间缺乏交流而产生"自闭"心态，进而对现实世界漠不关心，甚至产生反感和抵触情绪。从更宏观的视角来看，在这样的虚拟空间中，基于传统人际互动建立起来的忠诚、信任、正义等价值都可能被颠覆并解构。基于传统认知模式的观念及真理标准受到庞杂无序的信息洪流的冲击，可能使人类丧失思考空间和思考能力。在能够适应虚拟现实环境的新的价值规范和认知方式建立过程中，既有的精神伦理、道德伦理面临着颠覆性风险。

虚拟智能技术还在不断尝试突破，应用前景不可限量。虽然任何虚拟都具有一定的现实基础，但当意识虚拟被技术外化时，人所面对的是一个"虚拟"与"现实"交错、"现实性"与"可能性"交织的奇妙世界。虽然智能化的虚拟现实拓展了人们的生存与活动空间，提供了各种新的机会和体验，但同时，传统的道德观和道德情感正在被愚弄，伦理责任与道德规范正在被消解，社会伦理秩序濒临瓦解的危险。

思考与讨论

讨论：虚拟现实（VR）、增强现实（AR）、混合现实（MR）、扩展现实（XR）等虚拟智能技术会带来哪些伦理问题？

6.2.3 隐私权受到前所未有的威胁

大数据驱动模式主导了近年来人工智能的发展，成为新一轮人工智能发展的重要特征。隐私问题是数据资源开发利用中的主要威胁之一，在人工智能应用中必然也存在隐私侵犯风险。当隐私侵犯、数据泄露、算法偏见等事件层出不穷时，人们又不得不

图 6-8　隐私风险

反思：人工智能的持续进步和广泛应用带来的好处是巨大的，为了让它真正有益于社会，同样不能忽视的还有对人工智能的价值引导、伦理调节以及风险规制。

数据采集中的隐私侵犯

随着各类数据采集设施的广泛使用，智能系统不仅能通过指纹、心跳等生理特征来辨别身份，还能根据不同人的行为喜好自动调节灯光、室内温度、播放音乐，甚至能通过人的睡眠时间、锻炼情况、饮食习惯以及体征变化等来判断其身体是否健康。然而，这些智能技术的使用意味着智能系统掌握了个人的大量信息，甚至比自己更了解自己。这些数据如果使用得当，可以提升人类的生活质量，但如果出于商业目的非法使用，就会造成隐私侵犯。

知识抽取中的隐私问题

由数据到知识的抽取是人工智能的重要能力，知识抽取工具正在变得越来越强大，无数个看似不相关的数据片段可能被整合在一起，识别出个人行为特征甚至性格特征。例如，只要将网站浏览记录、聊天内容、购物过程和其他各类别记录数据组合在一起，就可以勾勒出某人的行为轨迹，并能够分析出个人偏好和行为习惯，从而进一步预测出这个人的潜在消费需求，商家可提前为这个人提供必要的信息、产品或服务。但是，这些个性化订制过程又伴随着对个人隐私的发现和曝光，如何规范隐私保护是需要与技术应用同步考虑的一个问题。

"最懂我的人，伤我最深！"就频频发生的个人数据侵权事件来看，个人数据权利与机构数据权利的对比已经失衡，在对数据的收集和使用方面，消费者是被动的，企业和机构是主动的。如果商家只从自身利益出发，就难免会对个人数据过度使用或者不恰当披露。大数据时代，个人在互联网上的任何行为都会变成数据被沉淀下来，而这些数据的汇集都可能最终导致个人隐私的泄露。

实践任务

登录某些购物网站，体会购物网站的个性化推荐。

6.2.4 婚恋家庭伦理遭遇严峻挑战

现实中，人工智能会拥有自主意识，甚至和人类会产生情感吗？这要取决于如何界定"产生"一词。人工智能的自主性，仍然取决于所学习的样板和过程。正如AlphaGo对每一步棋的落子选择是从海量棋局中选择一种走法一样，这种自主在终极意义上是一种有限的自主，实际上取决于所学习的那些内容。

人工智能越来越像人，人类对机器有了感情怎么办？人类是否会与人工智能产生感情，将取决于这种过程是否给人类带来愉悦。正如互联网发展早期的一句常用语——"在互联网上，没人知道你是一条狗"。这表明，当人类在不知道沟通者的身份时，只要对方能够给自己带来愉悦，感情就可能产生。这可能会对人类的交往模式带来影响。比如说，人们订制的个性化机器人"伴侣"，"她"是那么美丽、温柔、贤淑、勤劳、体贴，"他"是那么健壮、豪爽、大方、知识渊博、善解人意，人们是否会考虑与"她"或"他"登记结婚，组成一个别致的"新式家庭"？这样反传统的婚姻会对既有的家庭结构造成怎样的颠覆？是否能够得到人们的宽容和理解，法律上是否可能予以承认？

随着人工智能学科的不断发展，在现实生活中，已经出现老人护理机器人、儿童陪伴机器人。比如，陪护型机器人的行为准则是使受众获得良好的陪伴和照顾，其本身的出发点是好的，但我们要看到，使用机器人提高了生活效率，方便了我们的生活。我们也应该看到，使用机器人后，老人的子女与父母的情感交流机会将会更少，老人们可能会更觉得孤单，孩子们从小就对机器人产生了依赖，缺乏了和父母及其他孩子的交流，可能难以融入现实社会。

也许上述的机器人还没有想象中那么尽善尽美，但我们完全可以想象，在不久的将来，为了人类自身发展的需求，机器人完全可能发展成可以根据外界环境自我思考、自我决策的个体，与人类有着情感交流。假如人与人工智能出现类夫妻、父女等情感，将拷问现代伦理规范。

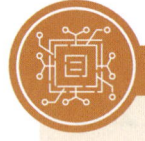 拓展视野

《人工智能》是由华纳兄弟影片公司于2001年拍摄发行的一部未来派的科幻电影。影片讲述21世纪中期，一个小机器人为了寻找养母，以及为了缩短机器人和人类差距而奋斗的故事。

6.3 人工智能的伦理规范

6.3.1 人工智能社会伦理

随着智能工程技术的发展，人们越来越接近于能够制造人形智能机器人这种经常在科幻小说中出现的东西。2017年10月26日，在沙特阿拉伯首都利雅得举行的"未来投资倡议"大会上，"女性"机器人索菲娅（见图6-15）被授予沙特公民身份。她也因此成为史上首个获得人类公民身份的机器人。

图 6-15 机器人索菲娅

然而，在智能机器人发展方兴未艾的同时，我们也不得不思考这其中产生的一些道德伦理问题。

首先，最重要的一点是目前还没能完美地让机器人的行为完全符合人的伦理道德规范，并且不做出伤害人类的事情。还有就是关于法律权利的问题。假如像沙特的索菲娅一样，机器人有了公民身份，那便意味着"她"拥有了法律权利。假设有一天机器人行使了投票权，那么这一票从法律上应该是有效的。然而，这票到底是机器人投出的还是由开发"她"的公司投出的呢？试想，如果是后者，那么在机器人越来越多之时，投票选举之事是否会被某公司或者某个人操纵呢？如果是，后果将不堪设想。而且，假若机器人行使被选举权成为拥有某些权力的人，那么这份权力是否会被某些人利用呢？

再有就是类似于电车难题一样的问题，由于大部分道德决策都是根据"为最多的人提供最大的利益"的原则做出的，那这辆自动驾驶汽车毫无疑问会选择放弃一个人而拯救五个人，但如果这单独的一个人是我们的至亲、挚友呢？如果未来的有人驾驶完全被无人驾驶取代，那我们就必须接受这种刻板的社会道德准则。让你眼睁睁地看着与你有直接关系的人的生死掌握在自动驾驶汽车的手中,你愿意接受吗?

人工智能在不断进步,已经有人开始将疼痛编程编入人工智能,防止其受伤,也帮助它们理解人类。在未来,人工智能和人类的界限可能越发模糊,而两者的关系也会成为疑问。我们可以拔掉人工智能的电线,那我们会是他们的奴隶主吗?人工智能会产生自由的概念吗?如果看到人类踢一只机器狗,我们是否知道狗被编入了疼痛的程序?如果他们感受到疼痛,我们是不是也会感同身受?

意识是有趣的,也是可怕的。想象一个通过图灵测试的机器人,外表和人无异,可以通过云端的数据分析你的各个方面并和你对话。它知道你所有的喜好、你看的书,理解你说的话以及你的所有想法,它可能比你妻子更能接收到你的情绪变动。在我们的情感和社交角度来看,它是有意识的,然而它并不是真人。

伦理问题是人工智能技术可能带给人们的最为特殊的问题。人工智能的伦理问题范围很广,其中以下几个方面值得关注。

◎ 人工智能的行为规则问题。人工智能正在替代人的很多决策行为,智能机器人在做出决策时,同样需要遵从人类社会的各项规则。人工智能技术的应用,正在将一些生活中的伦理性问题在系统中规则化。如果在系统的研发设计中未与社会伦理约束相结合,就有可能在决策中遵循与人类不同的逻辑,从而导致严重后果。

◎ 人工智能的权力问题。目前在司法、医疗、指挥等重要领域,研究人员已经开始探索人工智能在审判分析、疾病诊断和对抗博弈方面的决策能力。但是,在对机器授予决策权后,人们要考虑的不仅是人工智能的安全风险,还要面临一个新的伦理问题,即机器是否有资格这样做。随着智能系统对特定领域的知识掌握,人工智能的决策分析能力开始超越人类,人们可能会在越来越多的领域对人工智能决策形成依赖,这一类伦理问题也需要在人工智能进一步向前发展的过程中梳理清楚。

◎ 人工智能的教育问题。有伦理学家认为,未来机器人不仅有感知、认知和决策能力,人工智能在不同环境中学习和演化,还会形成不同的个性。国外研发的某聊天机器人在网上开始聊天后不到 24 个小时,竟然学会了说脏话和发表种族主义的言论,这引发了人们对机器人教育问题的思考。尽管人工智能未来未必会产生自主意识,但可能发展出不同的个性特点,这是受其使用者影响的结果。机器人使用者需要承担类似监护人一样的道德责任甚至法律责任,以免对社会文明产生不良影响。

当前,全球对人工智能新伦理的研究日趋活跃。不少人对人工智能心存疑虑,多半来自其高速发展带来的未知性,"保护人类"最受关注。美国机器智能研究院奠基人埃利泽·尤德科夫斯基(Eliezer Yudkowsky)提出了"友好人工智能"的概念,认为"友善"从设计伊始就应当被注入机器的智能系统中。新伦理原则不断提出,但突出以人为本的理念始终不变。

新的伦理原则制定也提上了各国政府的议事日程。中国政府2017年7月发布《新一代人工智能发展规划》时就指出,建立人工智能法律法规、伦理规范和政策体系,形成人工智能安全评估和管控能力;2018年4月,欧盟委员会发布《欧盟人工智能》提出,需要考虑建立适当的伦理和法律框架,以便为技术创新提供法律保障;2019年2月11日,美国启动"美国人工智能倡议",该倡议的五大重点之一便是制定与伦理有关联的人工智能治理标准。

为规避人工智能发展过程中的伦理道德风险,人工智能学术界和产业界,以及伦理、哲学、法律等社会学科各界应参与原则制定并紧密合作。虽然从短期看还没有证据指向人工智能有重大风险,但依然存在隐私泄露、技术滥用等问题。而无人驾驶、服务类机器人的伦理原则也须尽快探讨制定。美国电气和电子工程师协会(IEEE)规定,为了解决过错问题,避免公众困惑,人工智能系统必须在程序层面具有可追责性,证明其为什么以特定方式运作。人工智能和其他技术的特点不一样,很多人工智能技术具有自主性。例如,自主机器人在现实社会中具有物理行动能力,如果没有适当的防范措施,一旦出现严重问题,可能危害较大。

人工智能的发展会引起人类对自己伦理道德的思考。伦理道德并不是一成不变的,对不同人而言也不一样。我们也许会在向人工智能传输伦理道德时,加深对自身的认识,这些都将帮助我们重新定义我们是什么。人工智能可以是一面镜子,让我们重新检视自己。

思考与讨论

讨论:在人工智能发展过程中还有哪些领域存在社会伦理风险?

6.3.2 人工智能道德算法

相信很多人都见过《纽约客》杂志的这张封面,人类坐地乞讨,而机器人则扮演了施予者的角色。虽然图片描述的情景想象起来有些可怕,但不得不承认,和其他任何一种技术革新一样,人工智能在带来价值的同时也同样创造了风险。而且凭借着识别和学习能力的特征,人工智能带来的负面影响也可能会越来越大。目前,最为明显的负面影响就是算法歧视。

你肯定发现过在浏览购物网页时,对于喜欢的同类商品多打开几个网页之后,购物网站就会像给你打了个标签一样不停地往这个方面给你推荐商品。这是基于机器学习技术进行的个性推荐,以过去算未来,以群体算个体。算法会吸收你以前的经验,但吸收的经验里也很有可能包含歧视信息。还比如在刑事司法中使用算法区分有色人种,或者用于训练人工智能的数据是否包含对妇女和少数族裔的隐形偏见,这些都是人工智能给社会带来的负面影响。

图6-16 《纽约客》杂志封面

如前面所述的微软机器人,在与网民互动过程中,很短时间内就"误入歧途",集性别歧视、种族歧视于一身,最终微软不得不让它"下岗"。算法倾向于将歧视固化或放大,使歧视长存于整个算法之中。因此,如果将算法应用在犯罪评估、信用贷款、雇佣评估等关系人们切身利益的场合,一旦产生歧视,就可能危害个人乃至社会的利益。

针对人工智能应用的潜在风险,国际社会在标准设计、伦理道德等方面提出了一系列试图控制智能机器系统的方案,逐渐形成了一个共识原则:通过算法给智能机器嵌入人类的价值观和规范,以此让它们具有和人类一样的同情心、责任心、羞耻感等伦理道德。人们希望人工智能的算法遵循法令,在完成人类难以完成的任务同时,吸取人类道德规范"善良"的一面,从而达到控制机器风险的目的。毕竟,任何算法都只是实现目的的工具或手段,"善良"的结果才是人类的追求目标。

实际上,通过编写代码和算法来控制机器的设想并不新鲜。七十多年前,美国科幻作家艾萨克·阿西莫夫(Isaac Asimov)提出"机器人三定律",通过内置的"机器伦理调节器"设定机器人不得危害人类的原则。而今,计算机专家、伦理学家、社会学家、心理学家等正在共同努力,走在实践这一设想的路上。

阿西莫夫在短篇科幻小说《转圈圈》(1942)中,提出了按优先顺序排列的机器人三定律:

第一定律,机器人不得伤害人类或坐视人类受到伤害;
第二定律,在与第一定律不相冲突的情况下,机器人必须服从人类的命令;
第三定律,在不违背第一与第二定律的前提下,机器人有自我保护的义务。

此后,为了克服第一定律的局限性,他还提出了优先级更高的机器人第零定律:

机器人不得危害人类整体或坐视人类整体受到危害。

从内涵上讲，机器人定律是一种康德式的道德律令，更确切地讲是人为确立的普遍道德法则，以确保其成为遵守绝对道德律令的群体。更耐人寻味的是，机器人三定律是通过技术实现的。在《转圈圈》中，三定律是根深蒂固地嵌入到机器人的"正电子"大脑中的运行指令：每个定律一旦在特定场景中得到触发，都会在机器人大脑中自动产生相应的电位，最为优先的第一定律产生的电位最高；若不同法则之间发生冲突，则由它们的大脑中自动产生的不同电位相互消长以达成均衡。这表明，机器人定律并不全然是道德律令，也符合技术实现背后的自然律。换言之，机器人定律所采取的方法论是自然主义的，它们是人以技术为尺度给机器人确立的行为法则，既体现道德法则又合乎自然规律。

运用算法，将人类道德规范体系嵌入智能机器人运行逻辑中。人工智能系统的"拟主体性"，使得它们的行为可以看作是与人类伦理行为类似的拟伦理行为。因此，人工智能界在探讨，能不能运用智能算法将人类的价值观和道德规范体系嵌入到智能机器运行逻辑中。有专家认为，这既是人工智能发展的未来愿景，也是当前面临的最大挑战。把道德代码嵌入机器运行逻辑中，是人工智能发展的必然趋势。缺少这一步，自动驾驶、无人机、助理机器人等智能体就不可能进入人类生活。机器在自主性上达到了人类高度后，它在做决策时，只有遵循道德算法，才能发展各种各样的功能。关于如何让机器符合人类道德规范，学术界大体有三种设想：一是自上而下，即在智能体中预设一套伦理规范，如自动驾驶汽车不得不撞车时应将对他人造成的伤害降到最低；二是自下而上，即机器通过数据驱动，学习人类的伦理德道规范；三是人机交互，即让智能体用自然语言解释其决策，使人类能把握其复杂的逻辑并及时纠正可能存在的问题。人工智能伦理研究目前没有一套普遍原则，因此可以从应用中遇到的实例出发，找到价值冲突点，讨论需要做哪些伦理考虑。比如针对偏见，有必要追溯到机器学习的数据中，完善数据信息并改进算法，让人工智能判断尽量客观公正，符合人类的价值观。

高效、聪明的人工智能并不完美。比如，人工智能存在算法缺陷。这种缺陷往往源于机器学习过程的不可解释和不可理解，它的判断有时就像在一个黑箱中完成，缺少透明性。无人驾驶汽车决定向左或右转时，人们并不完全清楚它做出转向的过程的依据。除了传感器故障，人们甚至无法准确找到问题原因，这就给有针对性地调整系统、判定责任带来了障碍。正因为如此，不久前生效的欧盟《通用数据保护条例》专门规定，人工智能公司必须让人来审查某些算法决策。

前不久，包括特斯拉首席执行官（CEO）埃隆·马斯克（Elon Musk）在内的多位全球人工智能顶尖专家签署承诺书，呼吁不要开发"人工智能自主武器"。这已经不是业界第一次警告人工智能的潜在风险了。尽管当前处理单项任务、完成人类指令的"弱人工智能"自主性还很低，人们却不能因此忽视新技术应用的潜在隐患。

不仅有近忧，更有远虑。放眼未来，人工智能的应用正在模糊虚拟世界和物理世界的界限，可能重塑人类的生存环境和认知形态，并由此衍生出一系列棘手的伦理、法律和安全难题。与历史上其他技术创新相比，人工智能的伦理法律等问题受到如此大的关注，一个重要原因在于它在理念上有望实现可计算的感知、认知和行为，从而在功能上模拟人的智能和行动，进而使得机器有了一种准人格或拟主体的特性。人类现有的法律规范、概念框架及知识储备，如何应对人工智能发展引发的新问题，是人们不得不正视的挑战。

6.3.3 人工智能设计伦理

人工智能已经从一个科幻小说式的探索领域发展到一个蓬勃发展的科技领域，在这个领域里，以往看似不可能的事情正在成为可能。

为了确保人工智能发展的未来仍然具有伦理和社会意识，美国电气和电子工程师协会宣布了三项新的人工智能伦理标准。

第一标准：机器化系统、智能系统和自动系统的伦理推动标准。这个标准探讨了"推动"，在人工智能世界里，它指的是影响人类行为的微妙行动。

第二标准：自动和半自动系统的故障安全设计标准。它包含了自动技术，如果它们发生故障，可能会对人类造成危害。就目前而言，最明显的问题是自动驾驶汽车。

第三标准：道德化的人工智能和自动系统的福祉衡量标准。它阐述了进步的人工智能技术如何有益于人类的益处。

这些标准的实施可能比我们想象中要早，因为像 OpenAI 和 DeepMind 这样的公司正越来越快地推进人工智能的发展，甚至创造出能够自我学习又扩大"智能"领域的人工智能系统。2017 年 7 月 8 日，我国《国务院关于印发新一代人工智能发展规划的通知》(国发〔2017〕35 号)提出，规划制定促进人工智能发展的法律法规和伦理规范的保障措施，强调要加强人工智能相关法律、伦理和社会问题研究，建立保障人工智能健康发展的法律法规和伦理道德框架。

人类社会即将进入人机共存的时代，为确保机器人和人工智能系统运行受控，且与人类能和谐共处，在设计、研发、生产和使用过程中，需要采取一系列的应对措施，妥善应对人工智能的安全、隐私、伦理问题和其他风险。

◎加强理论攻关，研发透明性和可解释性更高的智能计算模型。在并行计算和海量数据的共同支撑下，以深度学习为代表的智能计算模型表现出了很强的能力。但当前的机器学习模型仍属于一种黑箱工作模式，对于 AI 系统运行中发生的异常情况，人们还很难对其中的原因做出解释，开发者也难以准确预测和把握智能系统运行的行为边界。未来人们需要研发更为透明、可解释性更高的智能计算模型，开发可解释、可理解、可预测的智能系统，降低系统行为的不可预知性和不确定性，这应成为人工智能基础理论研究的关注重点之一。

◎ 制定伦理准则，完善人工智能技术研发规范。当人工智能系统决策与采取行动时，人们希望其行为能够符合人类社会的各项道德和伦理规则，而这些规则应在系统设计和开发阶段就考虑到并被嵌入人工智能系统运行逻辑中。因此，需要建立起人工智能技术研发的伦理准则，指导机器人设计研究者和制造商对机器人做出道德风险评估，形成完善的人工智能技术研发规范，以确保人工智能系统的行为符合社会伦理道德标准。

◎ 提高安全标准，推行人工智能产品安全认证。可靠的人工智能系统应具有强健的安全性能，能够适应不同的工况条件，并能有效应对各类蓄意攻击，避免因异常操作或恶意而导致的安全事故。一方面，需要提高人工智能产品研发的安全标准，从技术上增强智能系统的安全性和强健性，如完善芯片设计的安全标准等；另一方面，要推行智能系统安全认证，对人工智能技术和产品进行严格测试，增强社会公众信任，保障人工智能产业健康发展。

◎ 建立监管体系，强化人工智能技术和产品的监督。由于智能系统在使用过程中会不断进行自行学习和探索，很多潜在风险难以在研发阶段或认证环节完全排除，因此，加强监管对于应对人工智能的安全、隐私和伦理等问题至关重要。需要在国家层面建立一套公开透明的人工智能监管体系，实现对人工智能算法设计、产品开发、数据采集和产品应用的全流程监管，加强对违规行为的惩戒，督促人工智能行业和企业自律。

总而言之，人工智能设计伦理有三个方面需要关注。一是算法设计中的伦理审计，考虑算法中公平、效率之间的关系，避免使其成为"黑箱"。二是人工智能涉及的数据的所有权、隐私权和应用开发权的问题。三是人工智能开发中的伦理或政策限制问题，即哪些可以研发，哪些禁止研发，哪些优先研发等。

6.3.4 人工智能的二十三条军规

著名科幻作家阿西莫夫在其作品中为机器人制定了三大法则，已经超越了科幻而成为人们心目中机器人应该遵守的不二法则。随着人工智能的迅猛发展，机器在未来几十年内可能会达到人类的智能水平，一旦达到这一点，机器人就可以改造自己，并创建其他同类，甚至制造出被称为超人工智能的更强大 AI。如何确保机器人为人类利益服务，而不是像电影《终结者》里那样将人类文明终结，已经不再是科幻作品里的纸上谈兵,而是必须纳入议事日程的重要课题。

2017年1月,在加利福尼亚州阿西洛马举行的Beneficial AI会议上,特斯拉CEO马斯克、DeepMind创始人戴米斯·哈萨比斯（Demis Hassabis）以及近千名人工智能和机器人领域的专家,联合签署了阿西洛马人工智能原则,呼吁全世界在发展人工智能的同时严格遵守这些原则,共同保障人类未来的利益和安全。

"我们起草了二十三条原则,范围从研究战略到数字权益,再到可能出现的超级智能等未来的各种问题。认可这些定律的专家已经在上面签下自己的名字。"未来生活研究院网站写道,这些原则并不全面,显然也可以有不同的解读,但它也凸显出一个问题:目前围绕许多相关问题开展的很多"默认"行为,可能会破坏在多数与会人员看来十分重要的原则。会议上共有892名人工智能或机器人研究人员以及另外1445名专家在这份定律上签字,包括著名物理学家霍金（Stephen Wilian Hawking）。其中一些定律(例如透明度和共享研究成果)实现的可能性较低。即便这些定律无法得到全面落实,但这二十三条原则仍然可以改进人工智能开发过程,确保这些技术符合道德标准,避免邪恶势力崛起。

我们可以发现,虽然阿西洛马人工智能二十三条原则没有阿西莫夫机器人三原则简洁明了,但它是人类进入人工智能时代的重要宣言,是指导人类开发安全人工智能的重要指南,受到了人工智能行业和公共知识分子的广泛支持。

但危机仍然存在,未来仍不确定,马斯克在会议发言中说,我们正在走向超级智能,也有可能终结人类文明。当计算机开始自己做决定,我们如何才能确保它们与人类的价值观相一致？此前我们已经看到了机器在学习中的偏见,微软的聊天机器人曾发表种族言论,特斯拉的汽车人工智能曾造成致命事故。墨菲定律说,任何一个事件,只要具有大于零的概率,它就必定会发生。我们或许也可以说,一个受控制的系统,不管如何控制,终会崩溃。人工智能会是这样吗？天网已经启动了吗？文明终将面临最后的裁决,胜则荣,败则灭！希望我们可以通过阿西洛马人工智能二十三条原则,迎来人类文明发展的终极胜利。

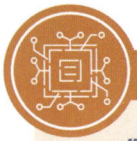
拓展视野

《阿西洛马人工智能二十三条原则》内容

科研问题

阿西洛马人工智能原则分为三大类二十三条。第一类为科研问题,共五条,包括研究目标、经费、政策、文化及竞争等；第二类为伦理价值,共十三条,包括人工智能开发中的安全、责任、价值观等；第三类为长期问题，共五条，旨在应对人工智能造成的灾难性风险。

研究目标：人工智能研究目标不能不受约束，必须发展有益的人工智能。

研究资金：人工智能投资应该附带一部分专项研究基金，确保其得到有益的使用，解决计算机科学、经济、法律、伦理道德和社会研究方面的棘手问题：

◎如何确保未来的人工智能系统健康发展，使之符合我们的意愿，避免发生故障或遭到黑客入侵？

◎如何通过自动化实现繁荣，同时保护人类的资源，落实人类的目标？

◎如何更新法律制度，使之更加公平、效率更高，从而跟上人工智能的发展步伐，控制与人工智能有关的风险？

◎人工智能应该符合哪些价值观，还应该具备哪些法律和道德地位？

科学政策联系：人工智能研究人员应该与政策制定者展开有建设性的良性交流。

研究文化：人工智能研究人员和开发者之间应该形成合作、互信、透明的文化。

避免竞赛：人工智能系统开发团队应该主动合作，避免在安全标准上出现妥协。

伦理价值

安全性：人工智能系统应当在整个生命周期内确保安全性，还要针对这项技术的可行性以及适用的领域进行验证。

故障透明度：如果人工智能系统引发破坏，应该可以确定原因。

司法透明度：在司法决策系统中使用任何形式的自动化系统，都应该提供令人满意的解释，而且需要由有能力的人员进行审查。

责任：对于先进的人工智能系统在使用、滥用和应用过程中蕴含的道德意义，设计者和开发者都是利益相关者，他们有责任也有机会塑造由此产生的影响。

价值观一致性：需要确保高度自动化的人工智能系统在运行过程中秉承的目标和采取的行动，都符合人类的价值观。

人类价值观：人工智能系统的设计和运行都必须符合人类的尊严、权利、自由以及文化多样性。

个人隐私：人类应该有权使用、管理和控制自己生成的数据，为人工智能赋予数据的分析权和使用权。

自由和隐私：人工智能在个人数据上的应用决不能不合理地限制人类拥有或理应拥有的自由。

共享利益：人工智能技术应当让尽可能多的人使用和获益。

共享繁荣：人工智能创造的经济繁荣应当广泛共享，为全人类造福。

由人类控制：人类应当有权选择是否及如何由人工智能系统制定决策，以便完成人类选择的目标。

非破坏性：通过控制高度先进的人工智能系统获得的权力，应当尊重和提升一个健康的社会赖以维系的社会和公民进程，而不是破坏这些进程。

人工智能军备竞赛：应该避免在自动化致命武器上开展军备竞赛。

长期问题

能力警告：目前还没有达成共识，我们应该避免对未来人工智能技术的能力上限做出强假定。

重要性：先进的人工智能代表了地球生命历史上的一次深远变革，应当以与之相称的认真态度和充足资源对其进行规划和管理。

风险：针对人工智能系统的风险，尤其是灾难性风险和存在主义风险，必须针对其预期影响制定相应的规划和缓解措施。

不断自我完善：对于能够通过自我完善或自我复制的方式，快速提升质量或增加数量的人工智能系统，必须辅以严格的安全和控制措施。

共同利益：超级人工智能只能服务于普世价值，应该考虑全人类的利益，而不是一个国家或一个组织的利益。

6.4 畅想未来：人类与人工智能和平共处

6.4.1 砸了谁的饭碗？

根据目前的人工智能技术和成果，我们可以预测：未来十年，人工智能能在任何任务导向的客观领域超越人类。人工智能将取代人类 50% 左右的工作，会取代工厂的工人、建筑工人、操作员、分析师、会计师、司机、助理、中介等，甚至部分医师、律师及老师的专业工作。在这十年，我们将进入一个焦虑的迷惘时代，一半的人类工作将被取代，许多人会因为失业，失去原本从工作中获得自我实现的成就感，而变得犹豫和迷茫。

当你前往地铁站、机场和火车站时，很难看到安检员的身影，"刷脸"即可顺利通关；当你为网购商品退换太麻烦苦恼时，对话式线上机器人能准确理解你的需求，迅速解决问题；当你出门办事，只需输入坐标，无人出租车就能稳稳地停在你的身旁……这不是幻想，是能看得到的未来。而可能被人工智能取代的岗位，远不止安检员、客服人员和出租车司机。机器有望代替记者写作、代替厨师炒菜的新闻近来层出不穷。据外媒报道，摩根大通已经开发出一款金融合同解析软件，原来律师和贷款人员每年需要 36 万小时才能完成的工作，该软件只需几秒就能完成，且错误率大大降低，这意味着相关人群可能失业。没有收银员的无人便利店，不需要司机的无人驾驶汽车，监测心电图的智能手表，自动决策选股的智能投顾，自由对话执行指令的智能音箱……人工智能不再是一个虚无缥缈的概念，而是看得见摸得着、在生活中给人们带来了实实在在便利的各种应用，人工智能在金融、汽车、健康、教育、零售等领域均呈现出了不同的应用场景。

行业	应用场景				
金融	智能支付	智能风控	量化投资	保险科技	
汽车	自动驾驶算法	激光雷达	ADAS 系统	车载交互	
大健康	智能影像诊疗	药物挖掘	健康管理	医学数据挖掘	导诊机器人
安防	智能摄像机	人像识别	车辆大数据	虹膜识别	人脸闸机
互联网服务	语音转写	翻译	修图	鉴黄	智能推荐
零售	自动结算	自动售货机	仓储管理	物流管理	
企业服务	智能营销	智能客服	IT 基础设施	供应链管理	智能招聘
教育	自适应系统	智能评测	拍照搜题	智能排课	教育机器人
工业制造	AI 芯片	视觉检测	预防性维修	生产优化	机器人视觉

图 6-17 人工智能应用场景

在享受人工智能带来便利的同时，很多人也隐隐担忧会不会哪天被人工智能抢了饭碗。正如蒸汽机带来了大规模工业生产，代替了大量人类体力劳动。人工智能让机器有了类似于人脑的规律识别、自我学习、总结经验等能力，也可以代替人类的部分脑力劳动。据麦肯锡全球研究所测算，中国 51% 的工作岗位可以自动化，相当于 3.94 亿全职员工有可能被人工智能"代替"。未来人工智能对中国经济增长的驱动力将达 1.3% 左右。中国保障学会会长、中国人民大学教授郑功成认为，基于人工智能的发展现状和特点，未来人工智能对就业的冲击可能体现在三方面：一是基于提高劳动生产率和降低劳动成本的需要。如制造业中智能机器人对生产流水线工人的替代、智能化信息系统对手工作业的替代等。二是基于风险与质量的需要。用人工智能填补劳动者自然退出的高风险岗位或短缺岗位，特别是采掘、高空、探险及其他危险性很高的作业，以及对精密度要求高的岗位。三是基于生活和乐趣的需要。比如家政机器人、情感陪护机器人、娱乐机器人等。

　　至于什么类型的工作可能会被人工智能替代，根据专家对人工智能的研究分析，通过创造力和同情心两个维度划分出了人类与人工智能共事的方式。既不需要创造力也不需要同情心的工作，比如洗碗工、客户支持、电话销售、保安等，可能会完全由人工智能来完成。当然，机器的开发、维护、检修还是少不了的。对于创造力和同情心二者需要其一的，人类和人工智能将协作完成，人工智能将承担更多程序化的工作，从而提升效率。比如，医生之前是自己操作医疗设备，有了人工智能只要一声令下，人工智能就为病人检查并出具报告，大大节约了医生的时间成本。只有既需要创造力又需要同情心的工作，像 CEO，才需要人类来独立主导完成。另外，人工智能的广泛应用也会带动产业链中数据科学家、软件程序员、数据标注员、机器检修师等新的岗位需求。而人口老龄化日渐严重，再加上"90 后"和"00 后"从事重复性工作的意愿较低，人工智能恰好填补了这方面的空缺。因此，人工智能对人类的工作并非完全替代，只是工作内容和结构上的调整和创新，能够让人们有更多的时间和精力去做更有意义、创造更多价值的工作，从而提高个人生产率和整个社会的运转效率。也就是说，人工智能会砸掉一些饭碗，也会端来一些新的饭碗，还会让一些饭换一种吃法。

　　人工智能已经在路上，这碗饭，你准备好怎么吃了吗？

思考与讨论

讨论社会管理层面如何提前研判筹划，在高效利用人工智能增加社会财富的同时，有效应对"人工智能"给企业和个人带来的冲击。

6.4.2 新的生产力

近年来人工智能得到越来越多的关注。人工智能本质上是人类智能的延伸，是用计算机来模拟人类的思维方式。迅猛发展的人工智能带来的可不是什么噱头，它必将极大地推动生产力的发展，对劳动、就业乃至社会制度产生决定性的影响。

在过去五年间，人工智能取得的进展超过此前五十年的总和，这是因为人工智能的算法取得了重大突破。例如，中文语音识别曾被认为是难以逾越的障碍。短短十几年后，基于神经网络的深度学习已经跨越了这一障碍——科大讯飞开发的输入法的中文语音识别率达到了 97%，与真人相差无几。

与人工智能在其他领域造成的巨大影响相比，中文语音识别最多只能算是冰山一角。例如，自动驾驶技术即将掀起一场交通运输行业的革命。自动驾驶系统不会打瞌睡、分神，不需要休息，更不会感情用事。可以预见的是，成熟的自动驾驶系统在可靠性方面将远远超过传统司机。成熟的自动驾驶技术意味着什么？乘客上车之后只要输入一个地址，汽车就会在卫星导航的协助下自动把乘客送到指定地点。届时中国的 260 万出租车司机都将面临失业风险。自动驾驶即将夺走的可不止出租车司机的饭碗。中国还有 3000 万卡车司机，也就是说每 46 个中国人里就有一个在跑运输。戴姆勒的自动驾驶卡车 2015 年就已开始上路测试，从高歌猛进的研发进度来看，自动驾驶卡车实现量产也就是十几年内的事情。届时数千万运输从业者应当去做些什么呢？

人工智能的确会替代部分岗位，不过，它同时也会创造出很多新的就业机会。人工智能技术的不断发展必将重塑各行各业以及人们的生活。人工智能首先会推动产业向智能化转变。未来不少产业领域都将与人工智能技术相结合实现智能化，如智能汽车、智能医疗、基础设施行业的智能电网、智慧城市和智能家居等。而且，人工智能还将引发商业服务创新，如它能通过对大数据的分析实现智能化的餐饮推荐、即时图像搜索等。

专家认为，人工智能将创造两大类新的就业机会。一是研发将成为最普通的工种，就像农业社会的农民、工业社会的工人一样。今后热门的职业可能是决策工程师、计算实验工程师、平行执行工程师、可视化工程师等，就像眼下风风火火的机器学习工程师一样。二是高级机器管理人员将大量涌现。被机器取代的工人，可以通过培训和学习向机器管理人员转变，负责机器的日常操作和性能维护，向高级岗位流动。另外，人工智能导致现有产业链的颠覆及变革，同时催生新的产业、产品和服务，创造出新的岗位。回看历史上各次工业革命，都是既会破坏一些就业岗位，也会创造出大量新的岗位，如有了拖拉机帮助农民耕地，"过剩"的农民可以流动到城市务工；又如电商冲击了实体店经济，但壮大了物流产业，带来快递员群体的激增。

那些被解放出的劳动力该去哪儿呢？现在我们每天工作八个小时，如果以后借助人工智能，我们三个小时就能完成任务，那剩下的五个小时就可以去做自己更喜欢、更有意义的事情，创造新的财富，如从事科学技术的研究，或进行文学、电影、戏剧等艺术创作。人可以寻找新的定位和职业，把最重要、最高级的任务留给人类自己，这才是资源集中和高效智能的社会。

如前文所述，人工智能使得劳动人口中直接从事生产性劳动的人的比例下降，不再需要很多的工人和农民。被释放出来的劳动力应该做什么呢？最合理的方向莫过于将劳动转向对人的服务和关怀，满足人的情感需求。人是社会关系的总和，人与人的沟通是人工智能无法取代的。所以，人工智能普及的时代，社会上理应出现更多心理咨询师、幼儿教师、康复医师、高龄老人陪护等服务性就业岗位。

这似乎也预示，在未来，相对低端性质的工作将由智能机器人来完成，应对社会发展的需要，人将步入更高层的工作领域。在外力的驱动下，势必有部分群体将进入人工智能无法替代的领域，甚至是直接掌控、设计智能产品的程序编码，让机器人等具有生动的"感受性"和切实的"道德反应"。

思考与讨论

展望一下未来十年的生活场景。

6.4.3 是伙伴，不是敌人

人工智能的发展总体上属于不可逆转的好事，我们可以讨论其发展领域的先后顺序与轻重缓急，千万不可因其替代了部分劳动岗位而将其视为洪水猛兽。

首先，要正确看待人类和人工智能的关系。帮助人类拥有更好的生活，是人工智能的根本出发点和落脚点。虽然人工智能可以帮助人们完成一部分工作，但人的智慧才是社会生产活动的主宰。目前，在创造力方面人工智能没有任何进展，"人类智能＋人工智能""创新算法＋计算"才是潜力无限的组合，是人工智能走向更强之路的最佳途径。

其次，要正确看待人工智能对就业的冲击。农业社会将人从荒野里采食变为在农田中劳作，是人类的一大进步；工业社会将人从风吹雨淋的农田移到车间和办公室，人类又进了一步；从中长期来看，人工智能将人类从工业社会升华到智能社会，今日的工厂企业与未来的智能组织的对照，就像二百年前农业社会的作坊店铺与眼下都市里的现代化大企业的对照，人们就业的变化要比前两个阶段的变化更大。

尽管不必为"人工智能威胁论"焦虑，但如何应对未来智能时代的新挑战，政府、社会、企业和个人都应未雨绸缪。人类与机器人将是一种相互依存的关系，但这是一个长期的渐进式过程。自动化、智能化的机器人毕竟不是人，而是人们生产生活的工具，与人类不是竞争关系，也不是此消彼长的零和博弈（博弈各方的收益和损失相加总和永远为零，即双方不存在合作的可能），人们不必对其产生恐惧。进入"机器人时代"，无人驾驶汽车将进一步普及；赡养老人、小孩的服务机器人将能听懂人类的语言，与人们交流、唱歌、跳舞、游戏、帮助打扫卫生等。但是，机器人不是万能的，不可能满足人类所有的需求，也不可能完全理解我们的语言，不要指望我们什么都不做，一切交给机器人。人机共舞的时代，是智能化时代，是人与机器人协作的时代。

与人工智能不同，人天生拥有各种各样的情绪和情感。当AlphaGo打败世界冠军柯洁时，柯洁哭喊着热爱围棋，但AlphaGo并没有因为获胜而感到快乐，当然也没有拥抱心爱的人的欲望。爱和共情的能力是我们与机器的最大不同。

因此，在人工智能时代，人类不应该因人工智能的产生和发展而感觉受到威胁，相反，当人工智能把人类从一些重复简单的工作中解放出来时，恰恰是人类进一步发展的机会。只有这样，人类才可以更心无旁骛地关注自身，深入到富有创造性和想象力的工作中去。有了人工智能的帮助，人类可以将自己的温暖包裹在高同情心的工作中。

拥抱人工智能，让它成为解放人类劳动的好帮手，发挥人类与生俱来的爱与共情，才是人类与人工智能和谐相处的方式。

6.4.4 选择，一切与机器无关

以人工智能为代表的第四次工业革命已经呼啸而至，新兴技术已从生活领域拓展至生产领域，全球经济正在发生颠覆性变革。用脸刷卡、乘网约车出行、听商品说话、无人机送货……人们对各种消费新模式已感到稀松平常；互联网医疗、可穿戴设备、基因测序智能诊断……这些全新的概念改变了人们的医疗体验；"黑灯工厂"越来越多，穿梭的机器人自动取货、搬运、装配，自动运行，完成生产操作；城市拥有了智慧的大脑，基础设施运行维护的效率极大提高；区块链技术的进步或将颠覆现有的能源系统……

新兴技术正从各个层面改变着行业与社会，在金融、教育、农业、制造和服务等众多领域，催生以往无法想象的新机会。比如，曾经在互联网时代发挥巨大作用的程序员群体，在未来几年，将会有相当一部分转型为人工智能工程师，从事新兴的图像识别、自然语言处理、语音识别、大数据挖掘、智能控制等相关工作。还有，快递员、出租车司机等传统职业，也会因为人工智能调度算法的发展被赋予新的生命力。

科技进步，淘汰的是落后的生产力，带来的是更多新型产业和机会，以及社会生产关系的优化调整。人工智能已经带来的变化，我们有幸正在见证；对未来，我们也应拭目以待。

你看，汽车发明了，人类一样在奔跑；船出现了，游泳也没有被抛弃。竞技体育的魅力在于追求人类的极限，更快，更高，更强。还有像围棋这样，挑战脑力的极致，是人类不断进步、不断突破自我的一个过程。享受这个过程吧，少年，你是千千万万人中被选中的那一个。

这正是我们想说的，今天 AlphaGo Zero 的诞生，并不意味着人类无用了。

我们知道，很多人在观望，在担忧，生怕人工智能会给这个世界带来"毁灭性"的影响。但我们应该坚信人工智能会带来更好的未来，人工智能的进步和升级，也绝不是所谓"人类毁灭"的开始。

是的，在人工智能大众化即将来临的前夜，我们选择相信！

模块检测

1. 人脑与计算机之间存在哪些差异？
2. 人工智能目前的发展水平如何？
3. 如何实现对不同规模的机器人群体实现有效控制？
4. 说一说人工智能在各领域的发展情况？
5. 谈一谈智能驾驶汽车的道德困境？
6. 针对虚拟智能技术的伦理后果，你怎么看？
7. 当你的数据隐私权被侵犯时，你如何抉择？
8. 人工智能给人类的生活和交往带来哪些影响？